建筑装饰设计"十二五"规划系列丛书

建 筑 动 画

总策划　徐　涵　安如磐

主　编　杜鸿涛

西安电子科技大学出版社

内 容 简 介

本书主要讲解使用 3ds MAX 软件制作建筑动画时，经常用到的技巧以及各种效果的解决方案和表现方法。全书共 4 个单元，包括绿化、配景、特效、动画输出。通过学习本书，读者将能够掌握实际工作中建筑动画的常用技巧，类似的方法还可以用于制作其他类型的三维动画。

本书立足于实战，涉及建筑动画许多方面，不追求面面俱到，但力图做到具体、有针对性。书中没有从头至尾漫长地讲解一个大型案例，而是灵活地将所有案例里通用的、普遍的组成部分单独成篇加以讲解。希望对读者有所启发。

本书既适合建筑设计、建筑表现、影视动画等领域的专业设计制作人员学习，也适合对计算机图形图像制作和处理感兴趣的普通计算机和艺术爱好者阅读。

图书在版编目(CIP)数据

建筑动画/杜鸿涛主编. —西安：西安电子科技大学出版社，2014.5
(建筑装饰设计"十二五"规划系列丛书)

ISBN 978 - 7 - 5606 - 3414 - 2

Ⅰ. ① 建… Ⅱ. ① 杜… Ⅲ. ① 建筑设计—计算机辅助设计—高等职业教育—教材 Ⅳ. ① TU201.4

中国版本图书馆 CIP 数据核字(2014)第 108656 号

策　　划　高　樱
责任编辑　王小青
出版发行　西安电子科技大学出版社(西安市太白南路 2 号)
电　　话　(029)88242885　88201467　　邮　　编　710071
网　　址　www.xduph.com　　　　　电子邮箱　xdupfxb001@163.com
经　　销　新华书店
印刷单位　北京京华虎彩印刷有限公司
版　　次　2014 年 5 月第 1 版　　2014 年 5 月第 1 次印刷
开　　本　787 毫米×960 毫米　1/16　印 张　12.5
字　　数　241 千字
定　　价　31.00 元(含光盘)
ISBN 978-7-5606-3414-2/TU
XDUP　3706001-1
如有印装问题可调换

序

随着全球建筑装饰设计行业的飞速发展，中国建筑装饰设计行业面临着其他国家同行的竞争和冲击。如何熟悉传统造型艺术与现代设计的关系，使其在现代设计中的应用更为广泛和深入，在"国际设计风格"潮流之后，开创多元化的设计创新潮流，是新一代设计师们所面临的课题。为此，我们根据《国务院大力发展职业教育的决定》提出的"以服务为宗旨，以就业为导向"的办学方针和教育部提出的"以全面素质为基础，以能力为本位"的教育教学指导思想，组成了以职业教育专家、企业一线专家和职业学校专业骨干教师为主的开发团队，运用基于工作过程的学习领域教学改革思想，根据工作岗位的实际工作过程，提炼出建筑装饰设计行业工作岗位的典型工作任务，形成了这套建筑装饰设计"十二五"规划系列丛书。

本套丛书包括《室内设计》、《室内装饰效果图实例教程》、《建筑效果图实例教程》、《三维初级建模》、《三维高级建模》、《建筑材料与预算》、《建筑动画》、《Photoshop 建筑装饰应用》、《网络搭建及应用》、《设计师营销》以及《产品包装设计》，共十一册。其中《室内设计》、《室内装饰效果图实例教程》、《建筑效果图实例教程》以工作过程为导向组织内容，因为这些活动体现在工作过程的每一个环节上；《三维初级建模》、《三维高级建模》、《建筑材料与预算》、《建筑动画》、《Photoshop 建筑装饰应用》、《网络搭建及应用》针对实际工作需要，以典型工作任务为导向组织结构，采取由近到远、由浅入深的螺旋结构设计，提供任务解决方案并介绍设计表现方法和思路。《设计师营销》采用了以问题为导向的案例设计，以提高学习者的顾客心理分析能力和灵活运用待客技巧的能力，以便实施更加贴切的服务。《产品包装设计》采用了以产品为导向的结构，因为这类职业活动是通过设计具体产品来实现的。

本套丛书的特点：

(1) 体系的确立上，依据职业教育美术设计与制作专业能力分析图表，围绕典型工作任务，分析形成课程设置的完整体系，从而确立书稿体系，实现了从学科体系的专业教育向行动体系的专业教育的转变，落实了"以全面素质为基础，以能力为本位"的教育教学指导思想。

(2) 内容的筛选上，以典型工作任务为基础，同时考虑国家职业资格技能鉴定标准，设计学习任务。在保证教学质量的前提下，对学生的就业能力有很大提升，充分体现了"以服务为宗旨，以就业为导向"的办学方针。

（3）结构的设计上，以工作过程为导向，以典型任务为驱动，以多个项目为具体实践，采用了情景学习方式，不但符合职业教育以实践为导向的教学指导思想，还将能力培养渗透到专业教学当中。

（4）素材筛选上，力求选择建筑装饰设计行业的最新素材、成功案例，并充分考虑学习的趣味性、难易度和迁移度，以激发学生的职业兴趣，拓展其职业能力，使学生能够很快适应社会需求，获得更大的发展。

本套丛书的编写得到了多家知名企业如大连鲁班装饰公司、大连瑞家装饰公司、大连业之峰装饰公司的大力支持，也倾注了多位职业教育专家、企业一线专家和西安电子科技大学出版社各位编辑的心血，是适应目前职业教育改革和发展的有益尝试。

希望本套丛书能为职业教育的发展，为培养具有综合能力的技术型、技能型的建筑装饰设计专业人才做出贡献。

沈阳师范大学职业教育研究所　徐涵

2014 年 1 月

编审专家委员会名单

前　言

　　建筑动画是指为表现建筑以及建筑相关活动所产生的动画影片。它通常利用计算机软件来表现设计师的意图，让观众体验建筑的空间感受。建筑动画一般根据建筑设计图纸，在专业的计算机上制作出虚拟的建筑环境，有地理位置、建筑物外观、建筑物内部装修、园林景观、配套设施、人物、动物，以及自然现象如风、雨、雷电、日出日落、月圆月缺等，可以以任意角度浏览。

　　本书按照"以服务为宗旨、以就业为导向"的职业教育办学指导思想，采用行动导向、任务驱动的方法，来引领知识的学习，通过实训的具体操作引出相关的知识点，通过任务描述和任务分析，引导学生在学中做、做中学，把基础知识的学习和基本技能的掌握有机地结合在一起，从具体的操作实践中培养学生的应用能力，通过技能强化和拓展提高进一步加强学生的专业技能，并通过介绍相关知识，进一步开拓学生视野，最后通过思考与实训，促进学生巩固所学知识并熟练操作。本书的经典案例来自于社会实践，更符合中职学生的理解能力和接受程度。

　　本书由大连商业学校杜鸿涛老师主编。由于编者水平有限，书中难免存在疏漏，欢迎广大读者及专家批评指正。

编　者

2014 年 1 月

目　　录

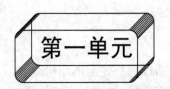

绿　化

　　在建筑动画中，绿化的主要作用是衬托主体。尤其是规划类的建筑动画，各种植物元素更不可或缺。虽然绿化也属于配景，但基于其重要的地位和广泛的应用，故独立成一个单元进行介绍。本单元以最常用的米字树的制作方法进行说明。

能力目标

◇　学会制作米字树。
◇　学会制作其他植物。

任务一　米字树的制作

任务描述

　　某开发商开发地产项目，委托设计公司制作建筑动画，开发商要求小区内有绿化，如树林。

任务分析

　　表现植物的方法很多，根据客户的要求，画面以远景为主，所以选择使用单面树或者十字树、米字树的方法来表现。这种方法的优点是面数少、渲染速度快，缺点是不够精致，但在远景中问题不大，可以满足要求。

任务实施

1. 了解客户需求，找到合适方案

2. 搜集素材

树木图片素材必须是正面平视的，不能有角度以及透视效果，见图 1-1-0。

☺ 提示：因为后面需要将背景处理成透明，所以尽量选择单色背景的素材，便于抠图。

图 1-1-0

3. 在 Photoshop 中处理贴图

(1) 打开 Photoshop 软件，选择文件菜单下的打开命令，见图 1-1-1。

(2) 打开对话框中，选择图片素材树，见图 1-1-2。

图 1-1-1

图 1-1-2

(3) 打开后的素材,见图1-1-3。

(4) 在图层面板找到树所在的图层,见图1-1-4。

图1-1-3　　　　　　　　　　　　　图1-1-4

(5) 双击图层,弹出新建图层对话框。按确定按钮,解锁图层,见图1-1-5。

(6) 解锁后的图层,没有了锁头标志,可以自由编辑,见图1-1-6。

图1-1-5　　　　　　　　　　　　　图1-1-6

(7) 使用快捷键w,或者用鼠标单击图标 ![icon],激活魔棒工具,将其容差设为100,见图1-1-7。

(8) 取消勾选连续选项,这样即便是不连续区域,只要有同样的色块也会被选中,见图1-1-8。

图 1-1-7

图 1-1-8

(9) 点击蓝色背景部分，选取所有非树本身的背景部分，为下一步做准备，见图 1-1-9。

(10) 在选择菜单下，选择修改项中的羽化命令，见图 1-1-10。

图 1-1-9

图 1-1-10

(11) 将羽化半径设置为 1，点击确定按钮，见图 1-1-11。

(12) 按 Delete 键删除背景，见图 1-1-12。

图 1-1-11

图 1-1-12

(13) 选择图像菜单下的调整菜单，见图 1-1-13。

(14) 选择反向命令，见图 1-1-14。

图 1-1-13

图 1-1-14

(15) 反选后得到了树部分的选区，见图 1-1-15。

(16) 将树部分填充为白色，见图 1-1-16。

图 1-1-15

图 1-1-16

(17) 储存为图片，见图 1-1-17。

(18) 将图片保存为 tga 格式，见图 1-1-18。

图 1-1-17

图 1-1-18

(19) 将图片保存为 32 位/像素，见图 1-1-19。

(20) 保存后，得到两张图片，见图 1-1-20。

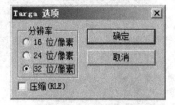

图 1-1-19

图 1-1-20

4．创建模型

(1) 在 Photoshop 软件中，单击图像菜单，选择图像大小命令，见图 1-1-21。

(2) 出现图像大小对话框，记下宽度和高度，见图 1-1-22。

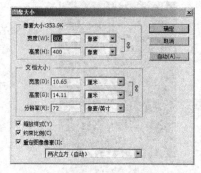

图 1-1-21

图 1-1-22

(3) 在 3ds MAX 软件中创建 Plane 平面，见图 1-1-23。

(4) 设置平面尺寸，输入之前记录的宽度和高度尺寸，这样可以保证贴图后图像比例不失调，见图 1-1-24。

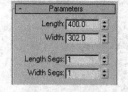

图 1-1-23

图 1-1-24

(5) 单击工具栏上的材质编辑器图标 ⊞。

(6) 单击材质编辑器上的赋予材质按钮 ⊡。

(7) 材质编辑器四周出现白色三角，见图 1-1-25。

(8) 单击 Diffuse 漫反射贴图按钮，见 1-1-26。

图 1-1-25

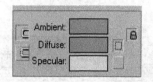

图 1-1-26

(9) 单击 Bitmap 项，见图 1-1-27。

(10) 找到树贴图，单击打开按钮，见图 1-1-28。

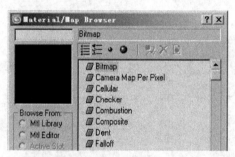

图 1-1-27

图 1-1-28

(11) 完成后效果，见图 1-1-29。

(12) 单击 按钮返回当前材质上一级，见图 1-1-30。

图 1-1-29

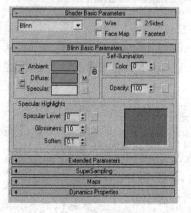

图 1-1-30

(13) 找到 Maps 贴图通道卷展栏，单击打开，见图 1-1-31。

(14) 找到 Opacity 不透明度贴图通道，点击 None 按钮，见图 1-1-32。

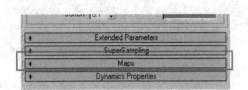

图 1-1-31　　　　　　　　　　　　图 1-1-32

(15) 弹出对话框找到之前制作的黑白的不透明度贴图，见图 1-1-33。

(16) 点击打开，完成添加，见图 1-1-34。

图 1-1-33

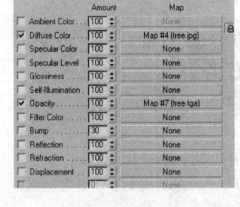

图 1-1-34

(17) 选中 2-Sided 双面材质选项，见图 1-1-35。

(18) 在 3ds MAX 中查看，平面已经透明，见图 1-1-36。

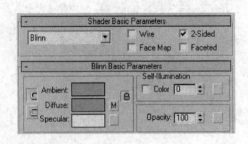

图 1-1-35

图 1-1-36

(19) 渲染后所得效果，见图 1-1-37。

(20) 右键点击工具栏捕捉角度工具按钮，捕捉工具位置见图 1-1-38。

图 1-1-37　　　　　　　　　　　　图 1-1-38

(21) 在弹出的对话框中，将 Angel 捕捉角度设置为 60°，见图 1-1-39。

(22) 点击角度捕捉按钮，激活捕捉状态，见图 1-1-40。

图 1-1-39　　　　　　　　　　　　图 1-1-40

(23) 旋转复制，见图 1-1-41。

(24) 选择 Instance 关联复制，复制数量为 2，点击 OK 按钮，见图 1-1-42。

图 1-1-41　　　　　　　　　　　　图 1-1-42

(25) 完成效果，见图 1-1-43。

(26) 调节自发光为白色，见图 1-1-44。

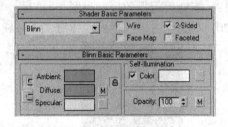

图 1-1-43   图 1-1-44

(27) 树的整体亮度提高，片面感减弱，见图 1-1-45。

(28) 在对象上单击右键，在弹出的菜单中选择相应命令，将其转换为 polygon 可编辑多边形对象，见图 1-1-46。

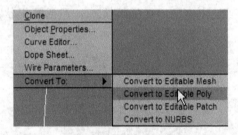

图 1-1-45   图 1-1-46

(29) 在可编辑多边形卷展栏参数中，选择 Attach(附加)，附加另外两个平面，见图 1-1-47。

(30) 在弹出的附加列表中，选择全部，点击 Attach 附加按钮，见图 1-1-48。

图 1-1-47   图 1-1-48

(31) 在材质编辑器的贴图通道中，点击 Opacity 不透明度贴图，见图 1-1-49。

(32) 打开贴图参数，见图 1-1-50。

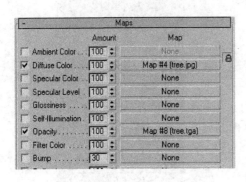

图 1-1-49

图 1-1-50

(33) 单击 Bitmap 位图按钮，见图 1-1-51。

(34) 弹出材质贴图浏览器，双击 Falloff 衰减贴图，见图 1-1-52。

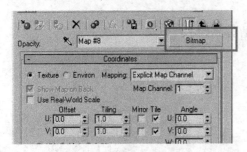

图 1-1-51

图 1-1-52

(35) 弹出对话框，选择 Keep old map as sub-map 将旧的贴图作为子贴图，点击 OK 按钮，见图 1-1-53。

(36) 打开衰减贴图参数，见图 1-1-54。

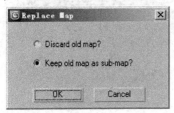

图 1-1-53

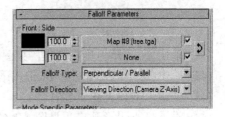

图 1-1-54

(37) 将第二个颜色设置为黑色,见图 1-1-55。

(38) 单击 按钮打开创建面板,见图 1-1-56。

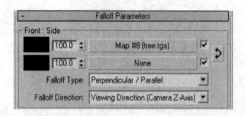

图 1-1-55

图 1-1-56

(39) 单击 按钮选择灯光,见图 1-1-57。

(40) 单击 Target Spot 按钮创建目标聚光灯,见图 1-1-58。

图 1-1-57

图 1-1-58

(41) 单击 选择创建几何体,见图 1-1-59。

(42) 单击 Plane 按钮选择 Plane 平面,创建地面,见图 1-1-60。

(43) 创建后效果见图 1-1-61。

(44) 设置灯光阴影开启,见图 1-1-62。

图 1-1-59

图 1-1-60

图 1-1-61

图 1-1-62

(45) 阴影不理想，见图 1-1-63。

(46) 将贴图设置为光线跟踪贴图，见图 1-1-64。

图 1-1-63

图 1-1-64

(47) 渲染后效果见图 1-1-65。

(48) 在视口中的效果见图 1-1-66。

图 1-1-65

图 1-1-66

5. 单面树面向摄像机

(1) 打开单面树场景文件，见图 1-1-67。

(2) 调整视角正对屏幕，见图 1-1-68。

图 1-1-67

图 1-1-68

(3) 在 Views 菜单下，选择 Create Camera from View 命令，或者按下快捷键 Ctrl＋C，以当前视角创建摄像机，见图 1-1-69。

(4) 视口标签变为 Camera01，见图 1-1-70。

图 1-1-69

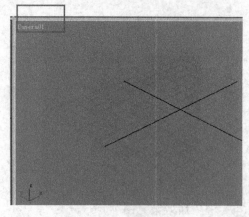

图 1-1-70

(5) 切换到透视图察看整体效果，见图 1-1-71。

(6) 将摄像机目标点拖拽到树木，这样无论摄像机如何运动，焦点始终在树木上，见图 1-1-72。

图 1-1-71

图 1-1-72

(7) 点击 🔲 按钮，创建 Helpers 辅助物体面板，见图 1-1-73。

(8) 选择其中的 Point 虚拟点，见图 1-1-74。

图 1-1-73

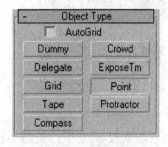

图 1-1-74

(9) 创建虚拟对象点，并在顶视图将点调整至摄像机下方，见图 1-1-75。

(10) 设置虚拟点 Size 为 50，见图 1-1-76。

图 1-1-75

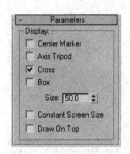

图 1-1-76

(11) 在选中虚拟点的情况下，点击 Animation 动画菜单，见图 1-1-77。

(12) Animation 菜单下选择 Constraints 约束二级菜单，见图 1-1-78。

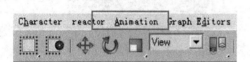

图 1-1-77

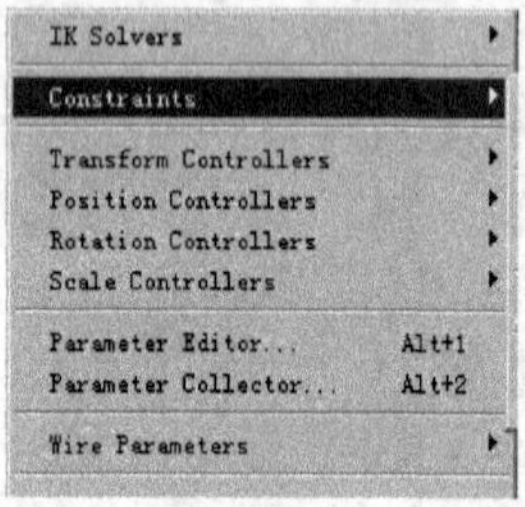

图 1-1-78

(13) 选择其中的 Link Constraint 链接约束，见图 1-1-79。

(14) 将虚线引到摄像机上，点击链接到摄像机，见图 1-1-80。

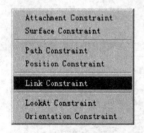

图 1-1-79

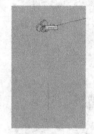

图 1-1-80

(15) 选层级面板按钮，见图 1-1-81。

(16) 单击 Link Info 链接信息按钮，见图 1-1-82。

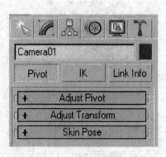

图 1-1-81

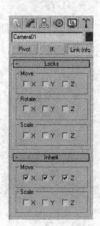

图 1-1-82

(17) 在 Inherit 继承参数中，取消 Move 位移所有轴向的继承，取消 Rotate 旋转 xy 轴的继承，见图 1-1-83。

(18) 再次点击 Animation 菜单，见图 1-1-84。

图 1-1-83   图 1-1-84

(19) 单击 Constraints 约束二级菜单，见图 1-1-85。

(20) 选择 LookAt Constraint 注视约束，见图 1-1-86。

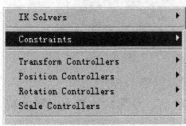

图 1-1-85   图 1-1-86

(21) 从树链接到虚拟点，见图 1-1-87。

(22) 链接后，发生图片方向错误，见图 1-1-88。

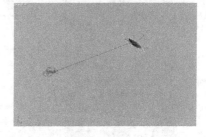

图 1-1-87   图 1-1-88

(23) 在运动面板中，点击 Rotation 旋转参数，见图 1-1-89。

(24) 打开下级注视约束参数面板，见图 1-1-90。

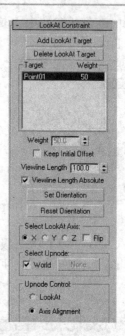

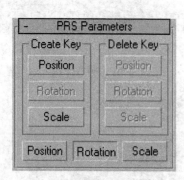

图 1-1-89

图 1-1-90

(25) 勾选 Keep Initial Offest 保持初始偏移复选框，见图 1-1-91。

(26) 树木方向恢复正常，此时无论摄像机如何运动，单面树始终面对摄像机，见图
1-1-92。

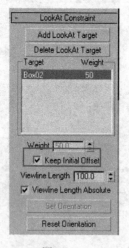

图 1-1-91

图 1-1-92

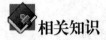

相关知识

1. 图形图像常识

(1) 不透明度贴图介绍。

不透明度贴图的灰度可以决定不透明的程度，见图 1-1-93。贴图的浅色区域渲染为不透明；深色区域渲染为透明；两者之间的值渲染为半透明。

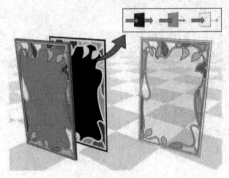

图 1-1-93

在贴图卷展栏中，将不透明度贴图的数量设置为 100，这时透明区域将完全透明；将数量设置为 0 相当于禁用贴图。数量值与基本参数卷展栏上的不透明度值混合，贴图的透明区域将变得更加不透明。

(2) 使用步骤。

① 单击不透明度的贴图按钮，将显示材质/贴图浏览器。

② 从贴图类型列表中进行选择，然后单击确定。材质编辑器现在处于贴图层级，并显示贴图参数的面板。

③ 使用贴图面板可设置贴图。

2. 三维动画常识

(1) 三维动画工作流程。

安装了 3ds MAX 以后，可以从开始菜单中打开如图 1-1-94 所示的文件。

3ds MAX 一次只能编辑一个场景，但是可以运行多个 3ds MAX 程序，并在每个程序中打开不同的场景。打开多个 3ds MAX 程序需要占用大量内存，在非必要的情况下应该尽量避免同时打开多个程序。

我们可以在视口用于建立对象的模型并设置对象动画。图 1-1-95 为飞机模型制作过程。视口的布局是可配置的。建模可以从不同的 3D 几何基本体开始，也可以使用 2D 图形作为放样或挤出对象的基础。可以将对象转变成多种可编辑的曲面类型，然后通过拉伸顶点和使用其他工具进一步建模。

另一个建模工具是修改器。修改器可以更改对象几何体。比如弯曲和扭曲。

在命令面板和工具栏中可以使用建模、编辑和动画工具。

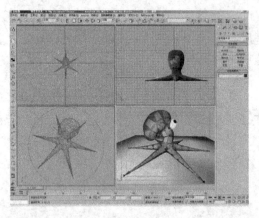

图 1-1-94

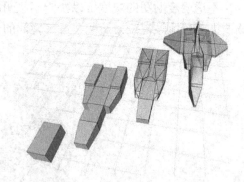

图 1-1-95

(2) 材质设计。

使用材质编辑器可以设计材质，编辑器在其自身的窗口中显示。使用材质编辑器定义曲面特性的层次可以创建有真实感的材质。曲面特性可以表示静态材质，也可以表示动画材质。图 1-1-96 为材质编辑器工作流程。

(3) 灯光和摄影机。创建带有各种属性的灯光可以为场景提供照明。灯光可以投射阴影、投影图像以及为大气照明创建体积效果。基于自然的灯光让你在场景中使用真实的照明数据，光能传递在渲染中提供无比精确的灯光模拟。

摄影机能像在真实世界中一样控制镜头长度、视野和移动方向(例如，平移、推拉和摇移镜头)。图 1-1-97 为摄像机原理图。

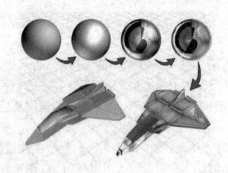

图 1-1-96

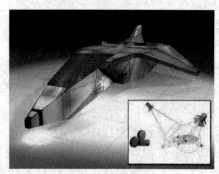

图 1-1-97

(4) 动画。任何时候只要打开自动关键点按钮，就可以设置场景动画。关闭该按钮以返回到建模状态。您也可以对场景中对象的参数进行动画设置以实现动画建模效果。在设置场景动画以及本教程中，您可以了解到有关动画的更多详细信息。

打开自动关键点按钮之后，3ds MAX 自动移动、旋转和比例变化记录为展示期间在特定帧上的关键点，而非记录为静态场景的变化。此外，还可以设置众多参数，不时做出灯光和摄像机的变化，并在3ds MAX 视口中直接预览动画。

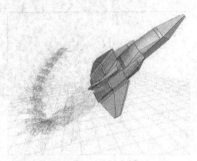

图 1-1-98

使用轨迹视图来控制动画。轨迹视图是浮动窗口，您可以在其中为动画效果编辑动画关键点、设置动画控制器或编辑运动曲线，图 1-1-98 为动画效果。

(5) 渲染。渲染会在场景中添加颜色和着色。3ds MAX 中的渲染器包含下列功能，例如，选择性光线跟踪、分析性抗锯齿、运动模糊、体积照明和环境效果。请参见渲染场景。

当您使用默认的扫描线渲染器时，光能传递解决方案能在渲染中提供精确的灯光模拟，包括由于反射灯光所带来的环境照明。当使用 mental ray 渲染器时，全局照明会提供类似的效果。

如果您使用的计算机是网络的一部分，网络渲染可以将渲染任务分配给多个计算机。使用 Video Post，您也可以将场景与已存储在磁盘上的动画合成，图1-1-99 为渲染后效果。

图 1-1-99

 技能强化

1. 指定贴图方法

指定贴图方法有三种：拖拽图片、拖拽材质球、分配材质按钮，具体操作方法如下所述。

(1) 拖拽图片。在 Windows 资源管理器中，选中图片，拖拽到 3ds MAX 软件视口中的模型上，松开鼠标，见图 1-1-100。

(2) 拖拽材质球。按下鼠标左键将调节好的材质球拖拽到对象上，松开鼠标，见图1-1-101。

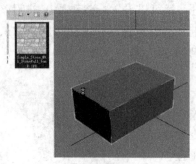

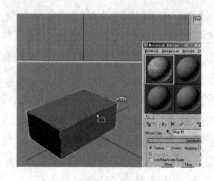

图 1-1-100   图 1-1-101

(3) 分配材质按钮。选中材质球,按下 Assign Material to Selection 分配材质到选中对象,完成操作,见图 1-1-102。

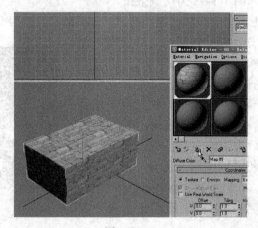

图 1-1-102

2. 小技巧

(1) 显卡配置错误的时候可以用"3dsMAX.exe –h"来重新选择显卡设置(这个是在快捷方式的属性最后面加个–h 切记有个空格)。

(2) 3ds MAX 出错的时候可以去 autoback 目录找自动备份文件(默认是 3 个)。

拓展与提高

(1) 小组合作,以任务步骤为参考,完成树的制作。

(2) 根据下列的项目实训评价表,对设计过程进行评价,以促进技能的提高。

项目实训评价表

内　　容		评　　价		
学习目标	评价项目	3	2	1
用 Photoshop 编辑图片(15 分)	边缘柔和(3 分)			
	比例恰当(3 分)			
	黑白贴图(3 分)			
	魔棒工具(3 分)			
	储存格式(3 分)			
贴图赋予模型(9 分)	材质编辑器开启(3 分)			
	漫反射贴图(3 分)			
	双面材质(3 分)			
透明通道(6 分)	不透明度贴图(3 分)			
	自发光(3 分)			
能掌单面树面向摄像机做法(3 分)	运动继承(3 分)			
解决问题能力(3 分)				
自我提高能力(3 分)				
互相协作能力(3 分)				
革新、创新能力(3 分)				

（左侧第一列分别标注：职业能力、通用能力）

　　我们学会了一棵树的制作方法，可是客户要求的是树林的效果，那么我们如何利用已掌握的知识来完成树林的制作？

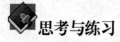 **思考与练习**

　　1. 如果没有树木素材怎么办？

　　2. 用上述方法实现树林效果有哪些优缺点？

　　3. 如何在不平坦的山地上大面积种植树木？

　　4. 自己学会独立完成一个包含有树林的新的场景。

　　5. 如何利用已掌握的知识来完成树林的制作？

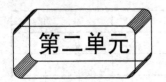

配　　景

在建筑动画中，主体部分的建筑固然重要，但是周边的环境也同样重要，没有环境衬托的主题是苍白和孤立的，和主体不匹配的环境也会让整个动画的效果大打折扣。建筑配景就是其中非常重要的组成部分。在本单元中，我们将学习如何表现建筑动画的配景。

能力目标

◇　学会制作人物。
◇　学会制作交通工具。
◇　学会制作飘舞的旗帜。

任务一　人　　物

任务描述

为了让建筑富有生气，需要在建筑动画中加入人物。某开发商开发地产项目，委托设计公司制作设计建筑动画，开发商要求，在画面中要有人物，为建筑增加生气，体现以人为本的人文情怀。

任务分析

表现人物的方法很多，实现方法有三种：一种是实拍人物素材进行后期合成；二是使用软件模拟；三是 RPC 全息模型库。其中使用软件模拟具体包括了不透明度贴图方法和三维模型方法。不透明度贴图方式的优点是方便快捷，降低面数，提高显示和渲染速度。缺点是贴图为 2d 平面化素材，360°查看便会穿帮，必须保证正面朝向摄像机镜头方向，而且几乎无法调节动画和灯光效果，因此只能用于远景。三维模型的优点是可任意角度查看，可根据需要调节动画，动态丰富，缺点是面数高，影响显示和渲染速度，而且对技术要求略高，需要具备蒙皮、骨骼、动画等相关技术。三维模型人物一般用于动作变化需求大的场景以及近景，需要酌情选择。使用 RPC 全息模型库方式优点是方便快捷，操作简单，效果较好，渲染速度快，缺点是需要额外安装相应插件。本例中采用不透明度贴图表现远景，使用模型表现近景。

任务实施

1. 了解客户需求，找到合适方案

2. 搜集素材

人物图片素材必须是正面平视的，不能有角度以及透视效果，见图 2-1-0。

☺提示：使用不透明贴图方式来制作不一定必须使用图片，也可以使用动态视频素材，当然相应的不透明度贴图也必须是动态的。

图 2-1-0

3. 使用不透明度贴图方法制作

(1) 打开 Photoshop 软件，选择文件菜单下的打开命令，见图 2-1-1。

(2) 打开对话框中的图片素材人物，见图 2-1-2。

图 2-1-1

图 2-1-2

(3) 打开后的素材，见图 2-1-3。

(4) 在图层面板找到人物的图层，见图 2-1-4。

图 2-1-3

图 2-1-4

(5) 双击图层，弹出新建图层对话框。点击确定按钮，解锁图层，见图 2-1-5。

(6) 解锁后的图层，没有了锁头标志，使可以自由编辑了，见图 2-1-6。

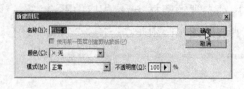

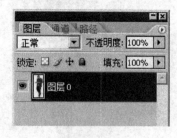

图 2-1-5

图 2-1-6

(7) 使用快捷键 w，或者用鼠标单击 图标，激活魔棒工具，并将属性栏上的容差设为 20，见图 2-1-7。

(8) 取消勾选连续选项，这样即便是不连续区域，只要有同样的色块也会被选中，见图 2-1-8。

图 2-1-7   图 2-1-8

(9) 点击蓝色背景部分，选取所有非人本身的背景部分，为下一步准备，见图 2-1-9。

(10) 在选择菜单下，选择修改项中的羽化命令，见图 2-1-10。

图 2-1-9   图 2-1-10

(11) 将羽化值设置为 1，点击确定按钮，见图 2-1-11。

(12) 填充背景色黑色，见图 2-1-12。

图 2-1-11   图 2-1-12

(13) 选择图像菜单下的调整菜单，见图 2-1-13。

(14) 选择反向命令，见图 2-1-14。

图 2-1-13　　　　　　　　　　　　　图 2-1-14

(15) 反选后得到了人物部分的选区，见图 2-1-15。

(16) 将人部分填充为白色，见图 2-1-16。

图 2-1-15　　　　　　　　　　　　　图 2-1-16

(17) 储存为图片，见图 2-1-17。

(18) 将图片保存为 tga 格式，见图 2-1-18。

图 2-1-17　　　　　　　　　　　　　图 2-1-18

(19) 将图片保存为 32 位像素，见图 2-1-19。

(20) 保存后，得到两张图片，见图 2-1-20。

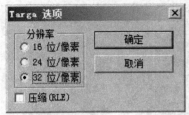

图 2-1-19　　　　　　　　　　　　　　图 2-1-20

(21) 在 Photoshop 软件中，单击图像菜单，选择图像大小命令，见图 2-1-21。

(22) 出现图像大小对话框，记下宽度和高度，见图 2-1-22。

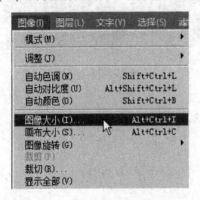

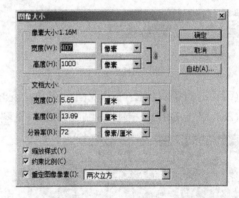

图 2-1-21　　　　　　　　　　　　　　图 2-1-22

(23) 在 3ds MAX 软件中创建 Plane 平面，见图 2-1-23。

(24) 设置平面尺寸，将之前记录的宽度和高度尺寸保持比例缩小 10 倍，见图 2-1-24。

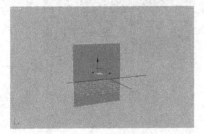

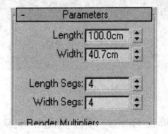

图 2-1-23　　　　　　　　　　　　　　图 2-1-24

(25) 单击工具栏上的材质编辑器图标 ⚏ ，见图 2-1-25。

(26) 单击材质编辑器上的赋予材质按钮 ⚏ ，见图 2-1-26。

图 2-1-25　　　　　　　　　　　　　　图 2-1-26

(27) 材质编辑器四周出现白色三角，见图 2-1-27。

(28) 单击 Diffuse 漫反射贴图按钮，见图 2-1-28。

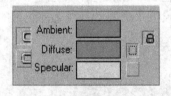

图 2-1-27　　　　　　　　　　　　　　图 2-1-28

(29) 单击 Bitmap 项，见图 2-1-29。

(30) 找到人物贴图，单击打开按钮，见图 2-1-30。

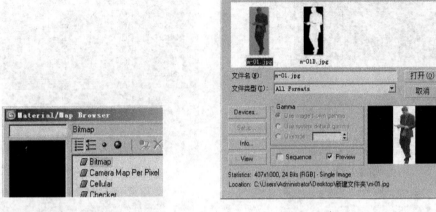

图 2-1-29　　　　　　　　　　　　　　图 2-1-30

(31) 完成后效果见图 2-1-31。

(32) 单击 🔼 按钮返回当前材质上一级，见图 2-1-32。

图 2-1-31　　　　　　　　　　　　　　图 2-1-32

(33) 找到 Maps 选项贴图通道，单击打开，见图 2-1-33。

(34) 选择 Opacity(不透明度)贴图通道，点击 None，见图 2-1-34。

(35) 弹出对话框找到之前制作的黑白的不透明度贴图，见图 2-1-35。

(36) 点击打开，完成添加，见图 2-1-36。

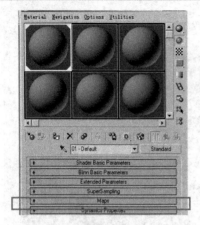

图 2-1-33

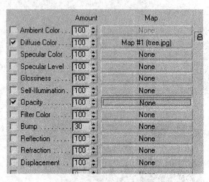

图 2-1-34

图 2-1-35

图 2-1-36

(37) 选中 2-Sided(双面材质)选项，见图 2-1-37。

(38) 在 3ds MAX 中查看，平面已经透明，见图 2-1-38。

(39) 创建灯光，渲染后得到效果，见图 2-1-39。

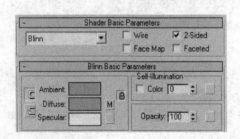

图 2-1-37

图 2-1-38

图 2-1-39

4. 使用三维模型方法制作

(1) 点击 File 菜单中的 Open 命令，见图 2-1-40。

(2) 在对话框中，选择角色模型，见图 2-1-41。

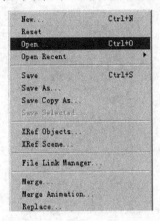

图 2-1-40　　　　　　　　　　　　　　　　图 2-1-41

(3) 打开后见图 2-1-42。

(4) 点击右键，弹出菜单，选择属性，见图 2-1-43。

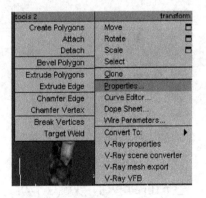

图 2-1-42　　　　　　　　　　　　　　　　图 2-1-43

(5) 打开属性面板对话框，见图 2-1-44。

(6) 取消 Show Frozen in Gray 以灰色显示冻结，见图 2-1-45。

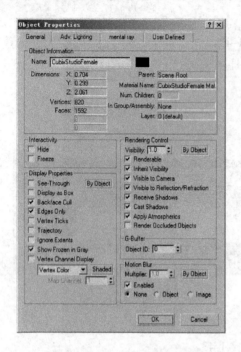

图 2-1-44　　　　　　　　　　　　图 2-1-45

(7) 选择模型，在右键菜单中选择 Freeze Selection 冻结选中对象，见图 2-1-46。
(8) 点击创建面板下的系统图标，打开参数面板，见图 2-1-47。

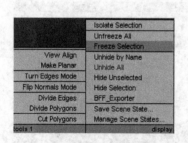

图 2-1-46　　　　　　　　　　　　图 2-1-47

(9) 选择 Biped 按钮，见图 2-1-48。
(10) 在场景中创建骨骼，与人物等高，见图 2-1-49。
(11) 选择 Bip01，移动至与模型重合，见图 2-1-50。
(12) 点击运动面板，见图 2-1-51。

图 2-1-48

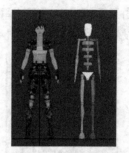

图 2-1-49

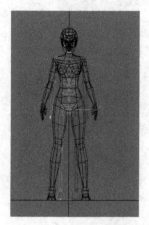

图 2-1-50

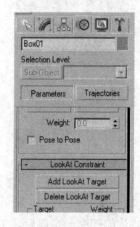

图 2-1-51

(13) 点击 Figure 图标 ，见图 2-1-52。

(14) 对骨骼进行旋转缩放等调整，力求骨骼与模型匹配，见图 2-1-53。

图 2-1-52

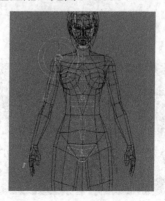

图 2-1-53

(15) 由于手部没有动画这里不设置手指,用手掌即可,见图 2-1-54。

(16) 设置后的效果见图 2-1-55。

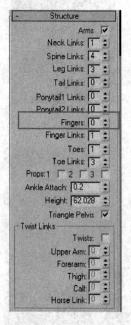

图 2-1-54

图 2-1-55

(17) 默认脚部有一个脚趾,3 个关节,见图 2-1-56。

(18) 将其改为一个关节,见图 2-1-57。

图 2-1-56

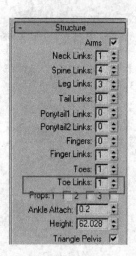

图 2-1-57

(19) 缩放后覆盖所有脚趾，效果见图 2-1-58。

(20) 双击需要做镜像的顶端骨骼，选中整个镜像部分，见图 2-1-59。

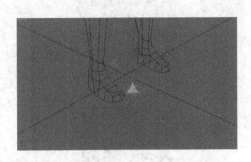

图 2-1-58

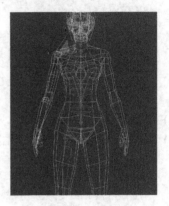

图 2-1-59

(21) 找到 Copy/Paste 复制/粘贴参数，点击加号，见图 2-1-60。

(22) 打开 Copy/Paste 参数面板，见图 2-1-61。

图 2-1-60

图 2-1-61

(23) 点击 创建集合按钮，见图 2-1-62。

(24) 点击 复制按钮，见图 2-1-63。

图 2-1-62

图 2-1-63

(25) 下方显示已复制的部分，见图 2-1-64。

(26) 点击 🔲 按钮镜像粘贴，见图 2-1-65。

图 2-1-64

图 2-1-65

(27) 完成镜像，见图 2-1-66。

(28) 将所有骨骼设置完毕，见图 2-1-67。

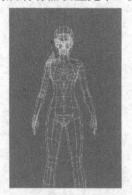

图 2-1-66

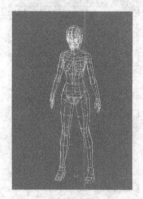

图 2-1-67

(29) 在右键菜单中选择 Unhide All 取消所有隐藏，见图 2-1-68。

(30) 选择 Unfreeze All 取消所有冻结，见图 2-1-69。

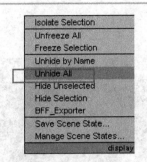

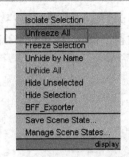

图 2-1-68　　　　　　　　　　　图 2-1-69

(31) 选中模型，添加 Skin 命令，见图 2-1-70。

(32) 打开参数面板，见图 2-1-71。

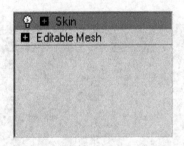

图 2-1-70　　　　　　　　　　　图 2-1-71

(33) 点击 Add 按钮，见图 2-1-72。

(34) 选择所有骨骼，点击 Select，见图 2-1-73。

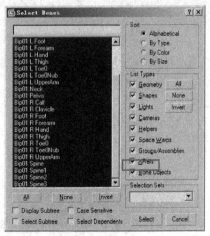

图 2-1-72　　　　　　　　　　　图 2-1-73

(35) 点击封套，见图 2-1-74。

(36) 设置小臂封套，见图 2-1-75。

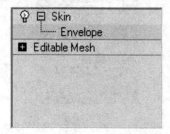

图 2-1-74

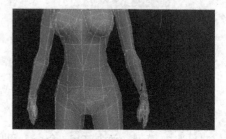

图 2-1-75

(37) 设置封套影响上臂，见图 2-1-76。

(38) 完成后旋转骨骼可带动模型，见图 2-1-77。

图 2-1-76

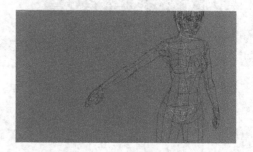

图 2-1-77

(39) 设置骨骼动画，点击 Select By Name 按名称选择，见图 2-1-78。

(40) 选择 All，见图 2-1-79。

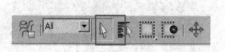

图 2-1-78

图 2-1-79

(41) 全选所有骨骼，见图 2-1-80。

(42) 点击 Select 按钮，见图 2-1-81。

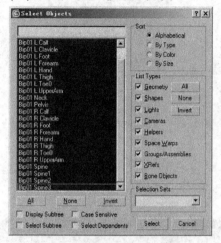 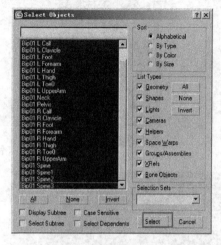

图 2-1-80　　　　　　　　　　　　图 2-1-81

(43) 点击保存图标，见图 2-1-82。

(44) 保存骨骼，见图 2-1-83。

图 2-1-82　　　　　　　　　　　　图 2-1-83

(45) 点击步际模式，见图 2-1-84。

(46) 选择多步图标 ，见图 2-1-85。

(47) 打开参数面板，见图 2-1-86。

(48) 设置步数为 20，见图 2-1-87。

图 2-1-84

图 2-1-85

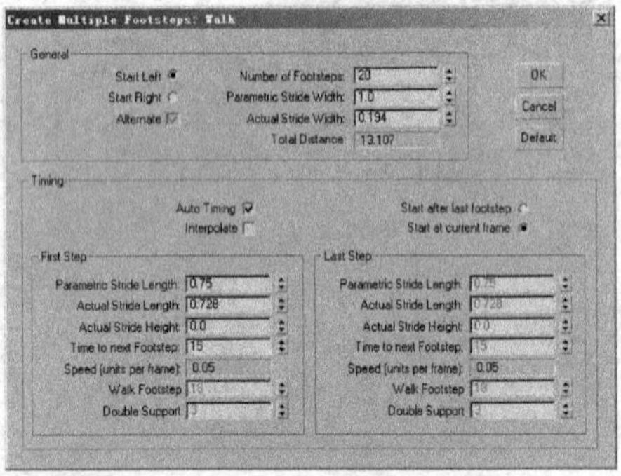

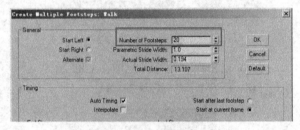

图 2-1-86

图 2-1-87

(49) 点击 创建关键帧图标，见图 2-1-88。

(50) 运算后得到的效果见图 2-1-89。

图 2-1-88

图 2-1-89

(51) 打开右键菜单选择属性，见图 2-1-90。

(52) 打开属性面板，见图 2-1-91。

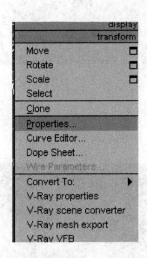

图 2-1-90

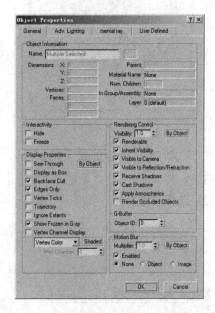

图 2-1-91

(53) 找到可见性参数，见图 2-1-92。

(54) 设置可见性为 0，见图 2-1-93。

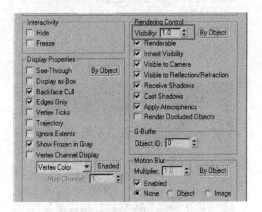

图 2-1-92

图 2-1-93

(55) 动画效果见图 2-1-94 和图 2-1-95。

图 2-1-94

图 2-1-95

5. 利用 RPC 插件创建人物配景

(1) 安装 RPC 插件, 见图 2-1-96。

(2) 选择安装全新, 见图 2-1-97。

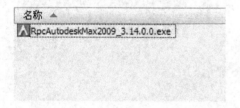

图 2-1-96

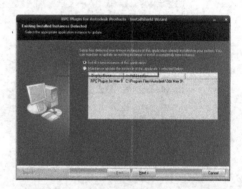

图 2-1-97

(3) 点击下一步, 见图 2-1-98。

(4) 同意协议, 见图 2-1-99。

图 2-1-98

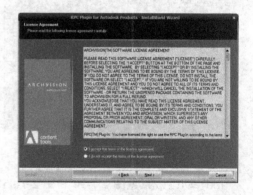

图 2-1-99

（5）同意安装，见图 2-1-100。

（6）设置安装目录，这里选择默认目录，见图 2-1-101。

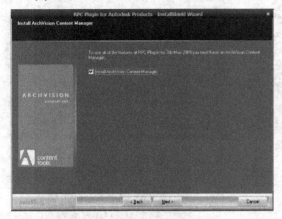
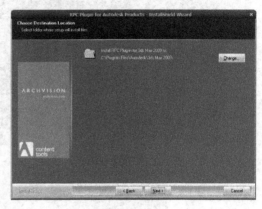

图 2-1-100　　　　　　　　　　图 2-1-101

（7）选择安装，见图 2-1-102。

（8）选择默认，见图 2-1-103。

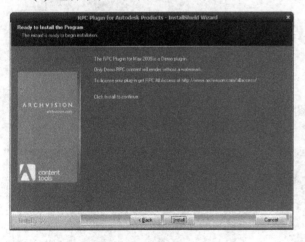

图 2-1-102　　　　　　　　　　图 2-1-103

（9）安装完毕，见图 2-1-104。

（10）将 RPC 模型素材拷贝至相关目录，见图 2-1-105。

（11）在创建面板里选择 RPC，见图 2-1-106。

（12）RPC 界面见图 2-1-107。

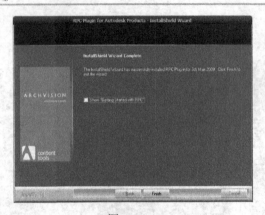

图 2-1-104

图 2-1-105

图 2-1-106

图 2-1-107

(13) 点击 Thumbs 弹出对话框,见图 2-1-108。

(14) 选择类别,见图 2-1-109。

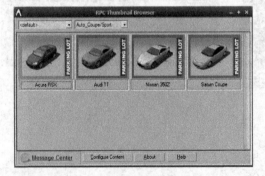

图 2-1-108

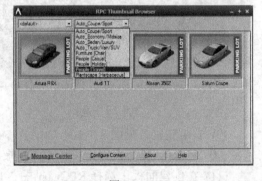

图 2-1-109

(15) 选择 people 类别,见图 2-1-110。

（16）或者点击 RPC 按钮，见图 2-1-111。

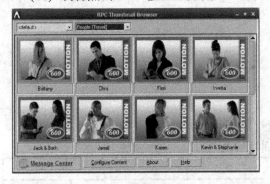

图 2-1-110

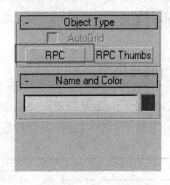

图 2-1-111

（17）选择类别，见图 2-1-112。

（18）在场景中建立模型渲染测试，见图 2-1-113。

图 2-1-112

图 2-1-113

相关知识

　　蒙皮修改器是一种骨骼变形工具，用于通过骨骼对其他对象进行变形。应用蒙皮修改器并分配骨骼后，每个骨骼都会有一个胶囊形状的封套，这些封套中修改对象的顶点会随骨骼移动。在封套重叠处，顶点运动是封套之间的混合，在默认情况下，将为受单个骨骼影响的每个顶点指定 1.0 的权重值，这意味着它只受该骨骼影响。两个骨骼封套相交处的顶点具有两个权重值，每个骨骼对应一个值。使用蒙皮修改器工具集向一定数量骨骼的任意指定顶点，顶点权重值的比例(总数始终为 1.0)决定每个骨骼的运动对顶点所造成影响的相对范围。例如：如果对于 bone 1 的顶点权重是 0.8，而对于 bone 2 的顶点权重是 0.2，则 bone 1 的运动对顶点造成的影响将是 bone 2 的运动对顶点所造成影响的四倍。

　　初始的封套形状和位置取决于骨骼对象的类型，骨骼会创建一个沿骨骼几何体的最长轴扩展的线性封套。样条线对象创建跟随样条线曲线的封套,基本体对象创建跟随对象的最长轴的封套。

 拓展与提高

(1) 以制作步骤为参考,完成效果。
(2) 根据下列的项目实训评价表,对设计过程进行评价,以促进技能的提高。

项目实训评价表

内　　容		评　价		
学 习 目 标	评价项目	3	2	1
不透明度贴图(6分)	角度合适(3分)			
	透明效果无错误(3分)			
三维模型(6分)	蒙皮正确(3分)			
	动作流畅(3分)			
RPC(6分)	没有错误(3分)			
	比例准确(3分)			
解决问题能力(3分)				
自我提高能力(3分)				
互相协作能力(3分)				
革新、创新能力(3分)				

（注：左侧"职业能力"跨前六行，"通用能力"跨后四行）

 思考与练习

制作人群场景,要求有远中近的层次分别,在制作中用到三种制作方法,人物没有错误、动画流畅自然、没有撕裂等问题。

任务二　交通工具

任务描述

交通工具可以为建筑动画增添生气,这也说明了建筑动画的位置与道路特征的关系。

某开发商开发地产项目，委托设计公司制作建筑动画，开发商要求画面中有川流不息的车辆，为建筑增加生气，也体现地段的繁华热闹。

任务分析

制作车流动画的方法可以使用路径约束和手动记录两种方式。手动记录相比之下简单一些，但对于整体速度和路径的控制不够理想，使用路径约束就解决了这个问题，只是制作过程略显繁琐。

任务实施

1. 了解客户需求，找到合适方案

2. 搜集素材

汽车模型，可以自行制作，也可以调用素材，见图 2-2-0。

☺提示：建筑动画中一定要控制好配景的多边形数量，因为个体数量本来就多，如果面数又太多，会大大降低渲染速度。

图 2-2-0

3. 动画制作

(1) 点击文件菜单，见图 2-2-1。

(2) 在菜单中选择打开命令，见图 2-2-2。

图 2-2-1

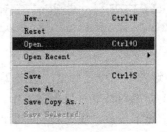

图 2-2-2

(3) 在弹出的对话框中选择汽车素材模型文件，见图 2-2-3。

(4) 打开后效果见图 2-2-4。

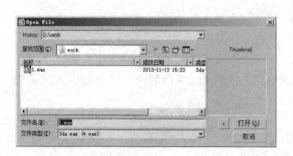

图 2-2-3

图 2-2-4

(5) 右键单击位移图标，见图 2-2-5。

(6) 弹出 Move Transform Type-In 移动变换输入对话框，见图 2-2-6。

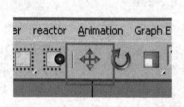

图 2-2-5

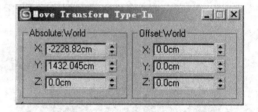

图 2-2-6

(7) 在对话框中右击 x 与 y 轴后的上下箭头，使数值归零，见图 2-2-7。

(8) 点击自定义菜单，见图 2-2-8。

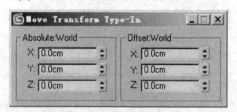

图 2-2-7

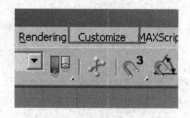

图 2-2-8

(9) 选择单位设置命令，见图 2-2-9。

(10) 弹出对话框，见图 2-2-10。

(11) 显示单位设置为公制厘米，见图 2-2-11。

(12) 单击系统单位设置按钮，见图 2-2-12。

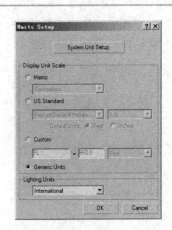

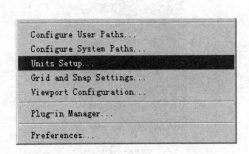

图 2-2-9

图 2-2-10

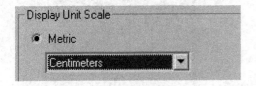

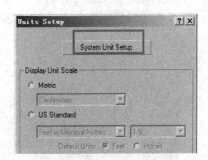

图 2-2-11

图 2-2-12

(13) 打开对话框，设置 1 个单位等于 1 厘米，见图 2-2-13。

(14) 单击确定按钮，见图 2-2-14。

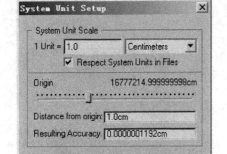

图 2-2-13

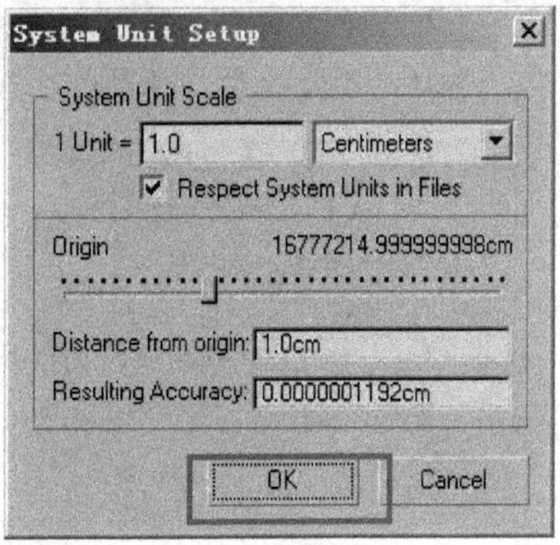

图 2-2-14

(15) 点击图形面板，见图 2-2-15。

(16) 点击线，见图 2-2-16。

图 2-2-15

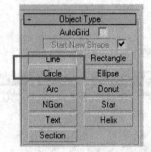

图 2-2-16

(17) 创建路径，见图 2-2-17。

(18) 单击修改面板图标，见图 2-2-18。

图 2-2-17

图 2-2-18

(19) 进入线条点级别，见图 2-2-19。

(20) 选中拐角处的点，见图 2-2-20。

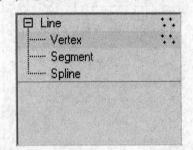

图 2-2-19

图 2-2-20

（21）在右键菜单中选中角点，见图 2-2-21。

（22）打开 Geometry 几何体卷展栏，见图 2-2-22。

图 2-2-21

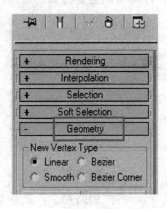

图 2-2-22

（23）单击圆角工具图标，见图 2-2-23。

（24）将尖角变成圆角，见图 2-2-24。

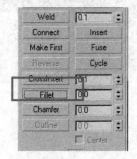

图 2-2-23

图 2-2-24

（25）选中汽车模型，并单击动画菜单，见图 2-2-25。

（26）在弹出的菜单中选择约束项目，见图 2-2-26。

图 2-2-25

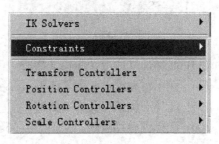

图 2-2-26

(27) 在二级菜单中选择路径约束，见图 2-2-27。

(28) 移动鼠标至要约束的路径，见图 2-2-28。

图 2-2-27

图 2-2-28

(29) 汽车约束到路径上，拖动时间滑块发现起点在右侧，需要更改，见图 2-2-29。

(30) 选中线条，见图 2-2-30。

图 2-2-29

图 2-2-30

(31) 进入点级别，见图 2-2-31。

(32) 选择工具菜单，见图 2-2-32。

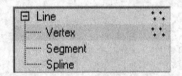

图 2-2-31

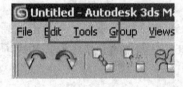

图 2-2-32

(33) 选择孤立命令，见图 2-2-33。

(34) 弹出对话框，见图 2-2-34。

(35) 选择右侧点，见图 2-2-35。

(36) 选择翻转样条线，见图 2-2-36。

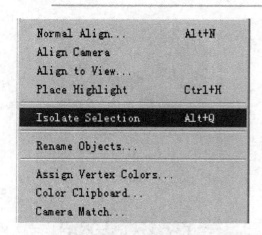

图 2-2-33

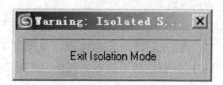

图 2-2-34

图 2-2-35

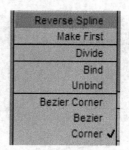

图 2-2-36

(37) 起点变为左侧，见图 2-2-37。

(38) 找到时间滑块，见图 2-2-38。

图 2-2-37

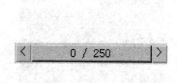

图 2-2-38

(39) 拖动滑块查看动画效果，见图 2-2-39。

(40) 左侧正常，见图 2-2-40。

图 2-2-39

图 2-2-40

(41) 转完后出现方向错误，见图 2-2-41。

(42) 点击运动面板图标 ⊙，见图 2-2-42。

图 2-2-41

Modifier List

图 2-2-42

(43) 在参数中选择跟随，见图 2-2-43。

(44) 初始方向错误，见图 2-2-44。

图 2-2-43

图 2-2-44

(45) 选择参数中的 y 轴，见图 2-2-45。

(46) 轴向修正见图 2-2-46 和图 2-2-47。

(47) 问题修正查看动画，见图 2-2-48。

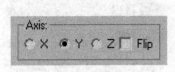

图 2-2-45

图 2-2-46

图 2-2-47

图 2-2-48

(48) 选中路径，见图 2-2-49。

(49) 点击编辑菜单，见图 2-2-50。

图 2-2-49

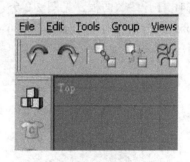

图 2-2-50

(50) 选中克隆命令，见图 2-2-51。

(51) 选择复制，点击确定按钮，见图 2-2-52。

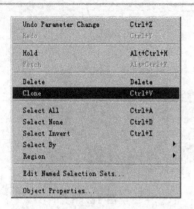

图 2-2-51

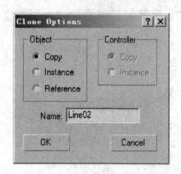

图 2-2-52

(52) 进入样条线级别，见图 2-2-53。

(53) 选中样条线，见图 2-2-54。

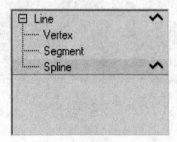

图 2-2-53

图 2-2-54

(54) 打开参数面板，见图 2-2-55。

(55) 点击轮廓命令，见图 2-2-56。

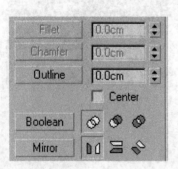

图 2-2-55

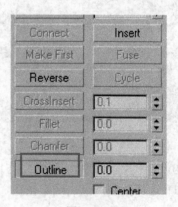

图 2-2-56

(56) 向外做双线，见图 2-2-57。

(57) 选中多余部分，见图 2-2-58。

图 2-2-57

图 2-2-58

(58) 将选中部分删除，保留外侧线条，见图 2-2-59。

(59) 选中汽车，移动复制，见图 2-2-60。

图 2-2-59

图 2-2-60

(60) 弹出对话框选择复制，点击确定按钮，见图 2-2-61。

(61) 点击运动面板 ⊚，见图 2-2-62。

图 2-2-61

图 2-2-62

(62) 参数中选择删除路径，见图 2-2-63。

(63) 删除后参数见图 2-2-64。

图 2-2-63

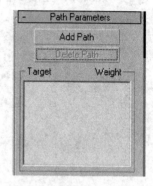

图 2-2-64

(64) 复制出的汽车脱离路径，见图 2-2-65。

(65) 选中复制出来的汽车，见图 2-2-66。

图 2-2-65

图 2-2-66

(66) 参数中选择添加路径，见图 2-2-67。

(67) 拾取外侧线条，见图 2-2-68。

图 2-2-67

图 2-2-68

(68) 完成约束效果，见图 2-2-69。

(69) 拖动时间滑块查看动画效果，见图 2-2-70。

图 2-2-69

图 2-2-70

(70) 点击时间配置图标，见图 2-2-71。

(71) 打开对话框，见图 2-2-72。

图 2-2-71

图 2-2-72

(72) 帧速率选为 PAL，见图 2-2-73。

(73) 动画中设置结束时间为 200，见图 2-2-74。

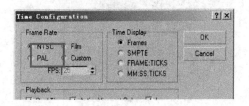

图 2-2-73

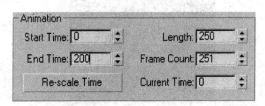

图 2-2-74

(74) 点击确定按钮，见图 2-2-75。

(75) 单击自动关键点按钮，见图 2-2-76。

图 2-2-75

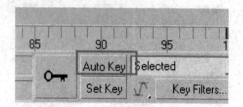

图 2-2-76

(76) 点击运动面板，见图 2-2-77。

(77) 修改沿路径百分比，见图 2-2-78。

图 2-2-77

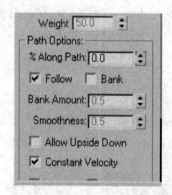

图 2-2-78

(78) 软件自动记录关键帧，见图 2-2-79。

(79) 将数值设置为 0，见图 2-2-80。

图 2-2-79

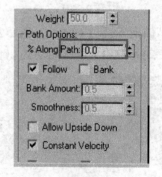

图 2-2-80

(80) 拖动时间滑块到 200，见图 2-2-81。

(81) 路径设置为 100%，见图 2-2-82。

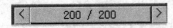

图 2-2-81

图 2-2-82

(82) 动画制作完成，见图 2-2-83。

(83) 选中第二辆车，见图 2-2-84。

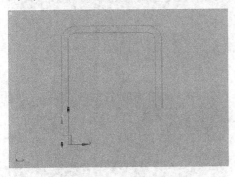

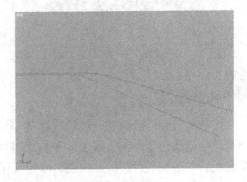

图 2-2-83

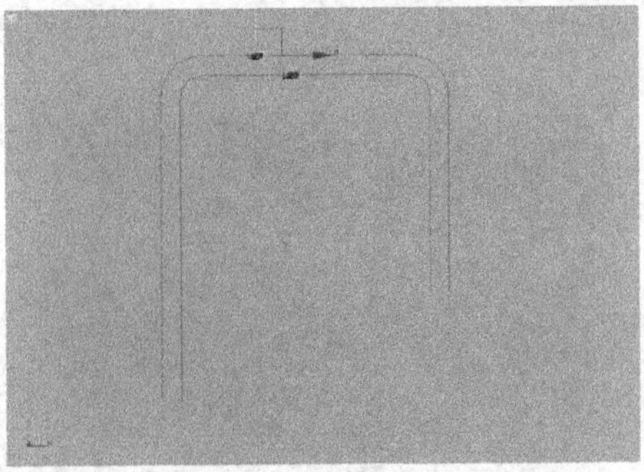

图 2-2-84

(84) 调整参数，使得其最后超过第一辆车，见图 2-2-85。

(85) 切换视角，观看效果，见图 2-2-86。

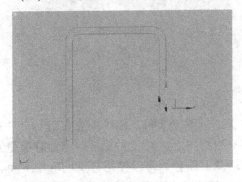

图 2-2-85

图 2-2-86

(86) 点击视图菜单，见图 2-2-87。

(87) 选中从视图创建摄像机命令，见图 2-2-88。

(88) 适口标签变为摄像机，见图 2-2-89。

(89) 观看最终效果，同样的方法可以模拟马路上车水马龙的效果，见图 2-2-90。

图 2-2-87

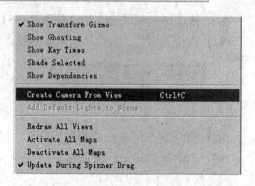

图 2-2-88

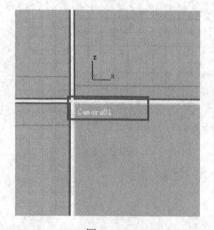

图 2-2-89

图 2-2-90

 **相关知识**

　　路径约束会沿着桥的一边决定服务平台的位置，见图 2-2-91。路径约束会对一个对象沿着样条线或在多个样条线间的平均距离间的移动进行限制。路径目标可以是任意类型的样条线。样条曲线(目标)为约束对象定义了一个运动的路径。可以使用任意的标准变换、旋转、缩放工具将目标设置为动画。在路径的子对象等级上设置关键点(例如顶点)或者片断，来对路径设置动画会影响的约束对象。

　　几个目标对象可以影响受约束的对象。当使用多个目标时，每个目标都有一个权重值，该值定义它相对于其他目标影响受约束对象的程度。

　　对多个目标使用权重是有意义的(可用的)。值为 0 时意味着目标没有影响。任何大于 0 的值都会引起目标设置相对于其他目标的权重影响受约束的对象。例如，权重值为 80 的目标将会对权重值为 40 的目标产生两倍的影响。

图 2-2-91

 拓展与提高

(1) 以制作步骤为参考，完成车流效果。

(2) 根据下列的项目实训评价表，对设计过程进行评价，以促进技能的提高。

项目实训评价表

内　　容			评　价		
学习目标	评价项目		3	2	1
职业能力	导入模型(6分)	正常导入无错误(3 分)			
		比例正常(3 分)			
	路径约束(6 分)	约束正常(3 分)			
		方向正常(3 分)			
	动画(6 分)	速度正常(3 分)			
		节奏正常(3 分)			
通用能力	解决问题能力(3分)				
	自我提高能力(3分)				
	互相协作能力(3分)				
	革新、创新能力(3分)				

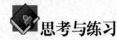

思考与练习

制作车流场景，要求有远中近的层次分别，动画流畅自然。

任务三　旗　帜　飘　舞

**任务描述**

某开发商开发地产项目，委托设计公司制作建筑动画，楼盘将于十一国庆黄金周开盘，开发商要求小区内有国旗迎风招展的效果，响应党中央热爱祖国的号召，营造热烈的爱国氛围。

任务分析

表现旗帜的方法有很多种，可以使用修改器，也可以使用动力学，修改器和动力学的共同特点都是参数设置简单，随风摆动效果模拟逼真。

任务实施

1. 了解客户需求，找到合适方案

2. 搜集素材

搜集国旗素材，见图 2-3-0。

☺提示：如果找不到合适的素材，其实自己制作也很简单。平面的素材一般利用 Photoshop 完成制作。

图 2-3-0

3. 使用修改器制作

(1) 选择创建面板中的 Shapes 图标 ，见图 2-3-1。

(2) 在打开的面板中选择矩形，见图 2-3-2。

图 2-3-1

图 2-3-2

(3) 在工作区中创建矩形，见图 2-3-3。

(4) 选中矩形 To，单击右键，弹出菜单，在菜单中选择 Convert To，见图 2-3-4。

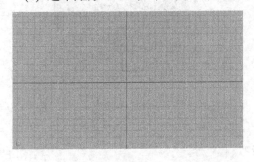

图 2-3-3

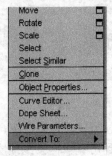

图 2-3-4

(5) 在弹出的二级菜单中选择 Convert to Editable Spline 将对象转换为可编辑样条线，见图 2-3-5。

(6) 在堆栈栏中点击加号，展开可编辑样条线子级别，见图 2-3-6。

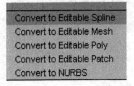

图 2-3-5

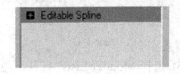

图 2-3-6

(7) 选中 Vertex 级别，见图 2-3-7。

(8) 选中所有点，见图 2-3-8。

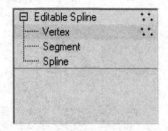

图 2-3-7

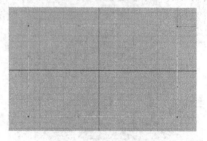

图 2-3-8

(9) 展开参数面板中的 Geometry，见图 2-3-9。

(10) 选中 Break 图标，将点打断，见图 2-3-10。

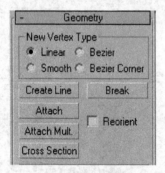

图 2-3-9

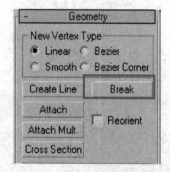

图 2-3-10

(11) 经过测试，点被分离，见图 2-3-11。

(12) 回到可编辑样条线顶层级，见图 2-3-12。

图 2-3-11

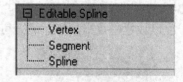

图 2-3-12

(13) 选择 Modifer List，打开下拉列表框，见图 2-3-13。

(14) 加载 Gament Maker 命令，见图 2-3-14。

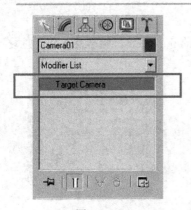

图 2-3-13

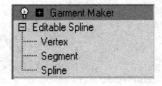

图 2-3-14

(15) 再次加载 Cloth 命令，见图 2-3-15。

(16) 在参数面板中，选择 Object Properties 图标，见图 2-3-16。

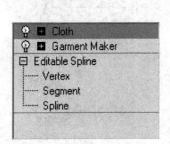

图 2-3-15

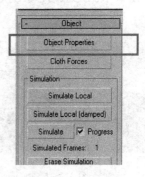

图 2-3-16

(17) 打开相关属性对话框，见图 2-3-17。

(18) 选择左侧列表中的 Rectangle01 及矩形对象，见图 2-3-18。

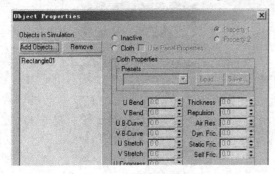

图 2-3-17

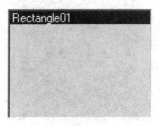

图 2-3-18

(19) 在右侧选中对象类型 Cloth，见图 2-3-19。

(20) 在 Cloth Properties 中的 Presets 中选择合适的布料预设，这里选 Satin 绸缎，见图 2-3-20。

图 2-3-20

图 2-3-19

(21) 点击 OK 按钮，完成设置，见图 2-3-21。

(22) 接下来创建风力，打开创建面板 ，见图 2-3-22。

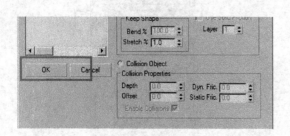

图 2-3-21

图 2-3-22

(23) 点击第六项 Space Warps ，见图 2-3-23。

(24) 下拉列表框中选择 Forces，见图 2-3-24。

图 2-3-23

图 2-3-24

(25) 选择下面的 Wind，见图 2-3-25。

(26) 在工作区找到左上角的视口标签，见图 2-3-26。

图 2-3-25

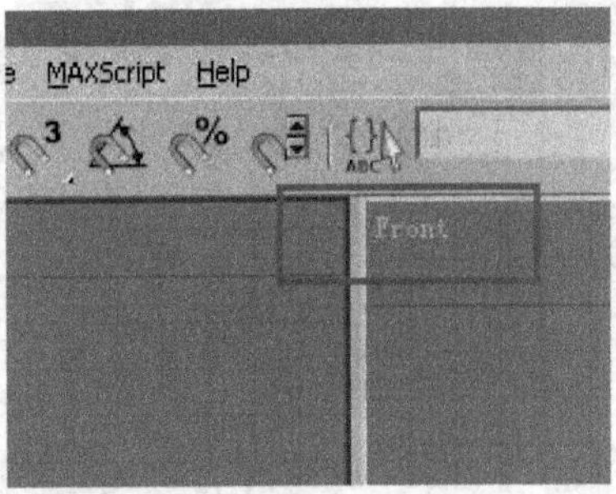

图 2-3-26

(27) 点击右键，弹出菜单，选择第一项 Views，见图 2-3-27。

(28) 在弹出的二级菜单中选择 Right 项，将视图调整为右视图，见图 2-3-28。

图 2-3-27

图 2-3-28

(29) 在工作区中拖曳鼠标创建风力，见图 2-3-29。

(30) 保证风力指向旗帜，见图 2-3-30。

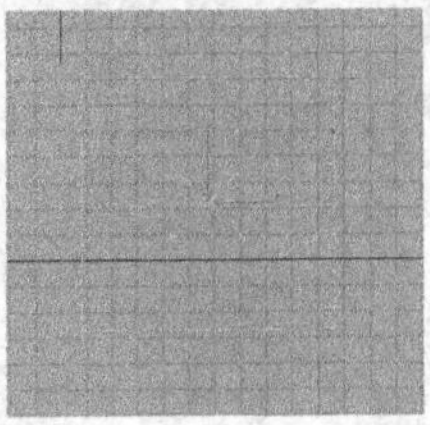

图 2-3-29

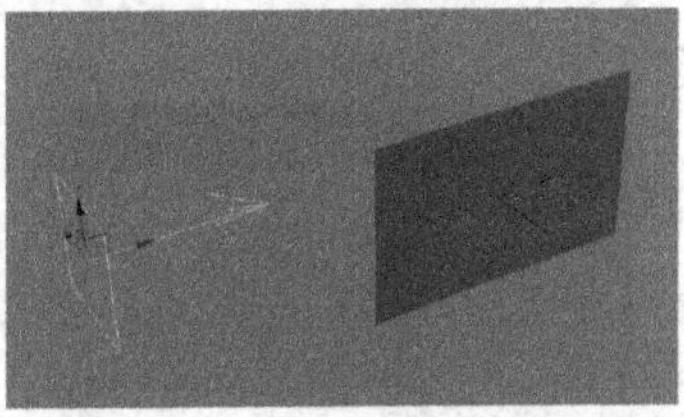

图 2-3-30

(31) 在堆栈栏中，选择旗帜的布料命令，见图 2-3-31。

(32) 回到旗帜的属性面板，见图 2-3-32。

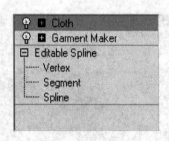

图 2-3-31 图 2-3-32

(33) 选择 Cloth Forces 图标，见图 2-3-33。

(34) 弹出对话框，见图 2-3-34。

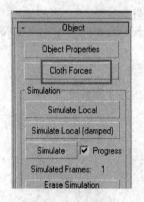

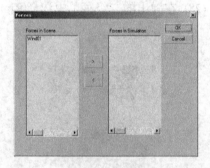

图 2-3-33 图 2-3-34

(35) 选择左侧的 Wind01，见图 2-3-35。

(36) 点击向右箭头，将风力加入模拟，见图 2-3-36。

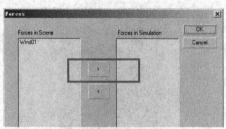

图 2-3-35 图 2-3-36

(37) 加入后见图 2-3-37。

(38) 点击 OK 按钮完成设置，见图 2-3-38。

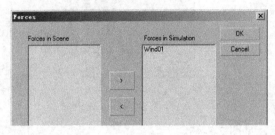

图 2-3-37

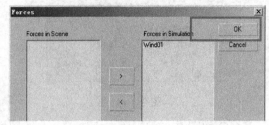

图 2-3-38

(39) 点击布料参数的加号，见图 2-3-39。

(40) 展开 Cloth 参数，选择 Group 子项，见图 2-3-40。

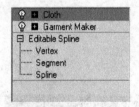

图 2-3-39

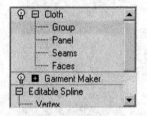

图 2-3-40

(41) 选择靠近风力一侧边上的一排点，也就是将来绑在旗杆上的点，见图 2-3-41。

(42) 选择 Make Group 图标，见图 2-3-42。

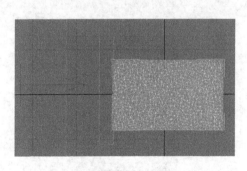

图 2-3-41

图 2-3-42

(43) 弹出对话框，点击 OK 按钮完成创建，见图 2-3-43。

(44) 创建后参数面板中效果，见图 2-3-44。

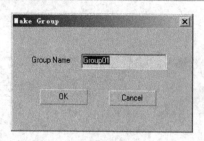

图 2-3-43　　　　　　　　　　　　　图 2-3-44

(45) 在选中的情况下，点击 Preserve 图标，见图 2-3-45。

(46) 将组定义为固定，见图 2-3-46。

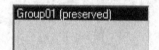

图 2-3-45　　　　　　　　　　　　　图 2-3-46

(47) 选择风力，见图 2-3-47。

(48) 调整风力 Strength 到 10，见图 2-3-48。

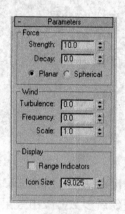

图 2-3-47　　　　　　　　　　　　　图 2-3-48

(49) 回到旗帜的布料参数面板，点击 Simulate Local 图标，见图 2-3-49。

(50) 软件开始模拟效果，见图 2-3-50。

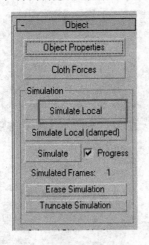

图 2-3-49

图 2-3-50

(51) 找到时间控制区，见图 2-3-51。

(52) 点击 Time Configuration 图标，设置时间，见图 2-3-52。

图 2-3-51

图 2-3-52

(53) 打开 Time Configuration 面板，见图 2-3-53。

(54) 点击 Pal 将视频制式设置为 Pal，见图 2-3-54。

图 2-3-53

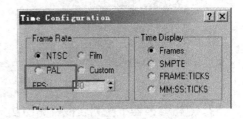

图 2-3-54

(55) 设置 End Time 为 100，见图 2-3-55。

(56) 点击 OK 按钮完成创建，见图 2-3-56。

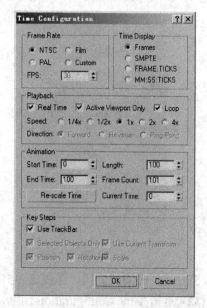

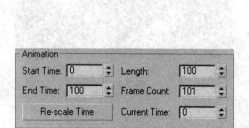

图 2-3-55　　　　　　　　　　　　　　　图 2-3-56

(57) 点击 Simulate 按钮开始实际模拟，见图 2-3-57。

(58) 模拟过程见图 2-3-58。

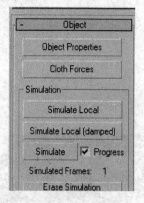

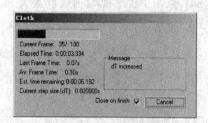

图 2-3-57　　　　　　　　　　　　　　　图 2-3-58

(59) 点击修改器下拉列表框，见图 2-3-59。

(60) 加载 TurboSmooth 涡轮平滑，见图 2-3-60。

图 2-3-59

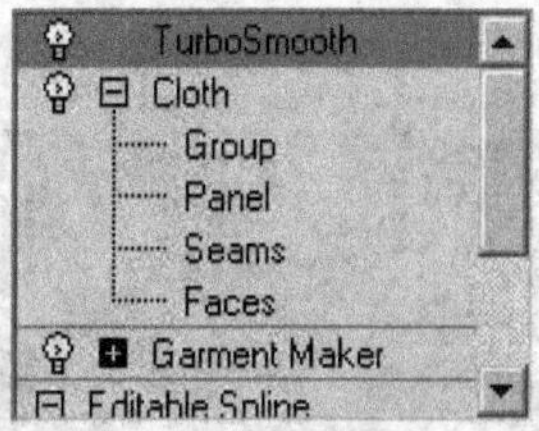

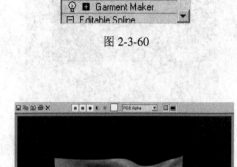

图 2-3-60

(61) 将 Iterations 设置为 2，见图 2-3-61。

(62) 渲染测试效果见图 2-3-62。

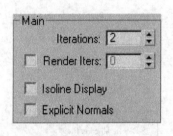

图 2-3-61

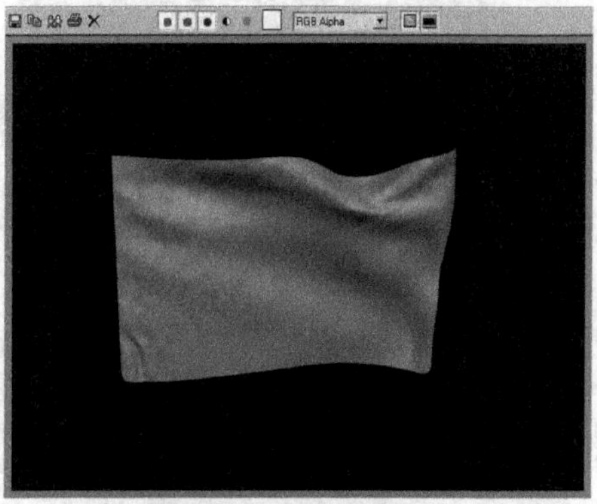

图 2-3-62

(63) 点击 Material Editor 材质编辑器按钮，见图 2-3-63。

(64) 打开材质编辑器，见图 2-3-64。

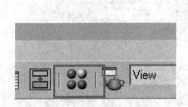

图 2-3-63

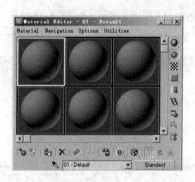

图 2-3-64

(65) 选中对象，选中材质球，点击 Assign Material to Selection 图标，见图 2-3-65。

(66) 点击 Diffuse 后的方块图标，见图 2-3-66。

图 2-3-65

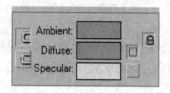

图 2-3-66

(67) 打开 Material/Map Browser 材质贴图浏览器，见图 2-3-67。

(68) 双击 Bitmap，见图 2-3-68。

图 2-3-67

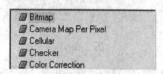

图 2-3-68

(69) 打开对话框，见图 2-3-69。

(70) 找到国旗贴图，见图 2-3-70。

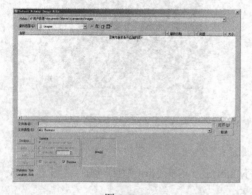

图 2-3-69

图 2-3-70

(71) 取消 Sequence 的勾选，见图 2-3-71。

(72) 点击 Show Standard Map in Viewport 在视口中显示材质图标 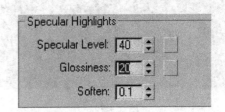，见图 2-3-72。

图 2-3-71

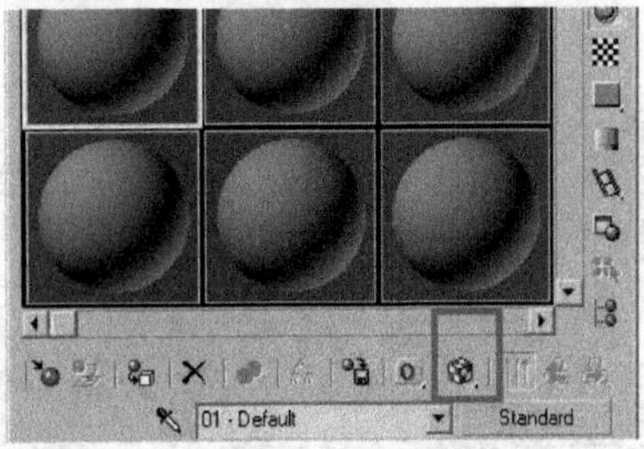

图 2-3-72

(73) 点击 Go to Parent，见图 2-3-73。

(74) 设置 Specular Level 高光级别为 40，Glossiness 光泽度为 20，见图 2-3-74。

图 2-3-73

图 2-3-74

(75) 设置后发现贴图坐标有问题，见图 2-3-75。

(76) 点击 Diffuse 后的 M 标志，进入贴图，见图 2-3-76。

图 2-3-75

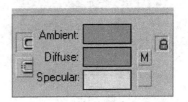

图 2-3-76

(77) 调整贴图的 Offset 和 Tiling 参数，在实际操作中，以效果为准，见图 2-3-77。

(78) 调整后效果见图 2-3-78。

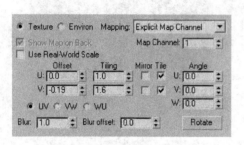

图 2-3-77

图 2-3-78

(79) 播放动画效果，见图 2-3-79。

(80) 创建旗杆，见图 2-3-80。

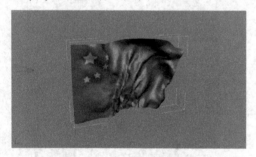

图 2-3-79

图 2-3-80

(81) 设置材质，并选择 Shader Basic Parameters 中下拉列表框，见图 2-3-81。

(82) 将材质类型选择为 Metal 金属材质，见图 2-3-82。

图 2-3-81

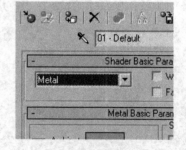

图 2-3-82

(83) 设置高光和光泽度参数，见图 2-3-83。

(84) 展开 Maps 参数，见图 2-3-84。

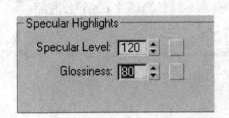

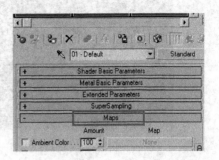

图 2-3-83　　　　　　　　　　　　　　图 2-3-84

(85) 选择 Reflection 反射通道，点击通道贴图，见图 2-3-85。

(86) 选择金属反射贴图，见图 2-3-86。

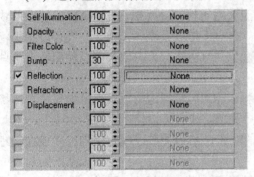

图 2-3-85　　　　　　　　　　　　　　图 2-3-86

(87) 设置 Blur offset 为 0.05，降低金属反射锐度，见图 2-3-87。

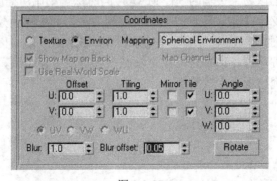

图 2-3-87

(88) 设置后效果，见图 2-3-88。

☺提示：旗帜飘动效果也可以使用动力学方法制作。

图 2-3-88

相关知识

reactor 是一个工作组，动画师和艺术家们能够用它控制并模拟 3ds MAX 中复杂的物理场景。reactor 支持整合的刚体和软体动力学、布料模拟以及流体模拟。它既可以模拟枢连物体的约束和关节，还可以模拟诸如风和马达之类的物理行为。用户可以使用所有这些功能来创建丰富的动态环境。

一旦在 3ds MAX 中创建了对象，就可以用 reactor 向其指定物理属性，如质量、摩擦力和弹力。对象可以是固定的、自由的、连在弹簧上，或者可以使用多种约束连在一起。通过这样给对象指定物理特性，进行真实场景的建模，然后便可以模仿它们以生成在物理效果上非常精确的关键帧动画。

设置好 reactor 场景后，可以使用实时模拟显示窗口对其进行快速预览，这样能够交互地测试和播放场景，可以改变场景中所有物理对象的位置，大幅度减少设计时间。然后，可以通过单击鼠标键把该场景传输回 3ds MAX，同时保留动画所需的全部属性。

reactor 使用户不必再手动设置耗时的二级动画效果，如爆炸的建筑物和悬垂的窗帘。reactor 还支持诸如关键帧和蒙皮之类的所有标准 3ds MAX 功能，因此可以在相同的场景中同时使用常规和物理动画。诸如自动关键帧减少之类的方便工具，能够在创建了动画之后调整和改变其在物理过程中生成的部分。

拓展与提高

(1) 以任务步骤为参考，完成桌布效果。

(2) 根据下列的项目实训评价表，对设计过程进行评价，以促进技能的提高。

项目实训评价表

内　容		评　价		
学 习 目 标	评 价 项 目	3	2	1
布料系统(15分)	布料加载(3分)			
	布料设置(3分)			
	碰撞设置(3分)			
	模拟下落(3分)			
	下落动画(3分)			
动力学布料(9分)	加载动力学(3分)			
	预览模拟(3分)			
	更新到 MAX(3分)			
动力学刚体(6分)	设置刚体(3分)			
	模拟刚体下落(3分)			
软件操作(3分)	合并场景(3分)			
解决问题能力(3分)				
自我提高能力(3分)				
互相协作能力(3分)				
革新、创新能力(3分)				

职业能力／通用能力

◆ 思考与练习

制作床单自然铺在床上的效果。

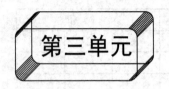

第三单元

特　　效

任务一　喷　泉

任务描述

喷泉为建筑动画增添生气，富有人文气息和韵味。某开发商开发地产项目，委托设计公司制作建筑动画，开发商要求画面中有喷泉，体现小区优雅宜人的居住环境。

任务分析

制作喷泉的方法有很多，比如三维动画软件的粒子系统、第三方插件以及不透明度动态贴图。具体如何取舍还是要根据项目要求和具体情况。

任务实施

1. 了解客户需求，找到合适方案

2. 搜集素材

喷泉参考图片，以及场景贴图素材，见图 3-1-0。

图 3-1-0

😊提示：温泉除了使用本节粒子的方法，也可以使用 RPC 插件制作，只是无法 360° 观察。

3. 动画制作

(1) 点击创建面板，见图 3-1-1。

(2) 选择图形，见图 3-1-2。

图 3-1-1

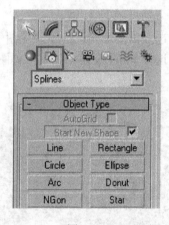

图 3-1-2

(3) 点击 Line 按钮，见图 3-1-3。

(4) 绘制喷泉水池截面，见图 3-1-4。

图 3-1-3

图 3-1-4

(5) 点击修改面板，见图 3-1-5。

(6) 进入点级别，见图 3-1-6。

图 3-1-5

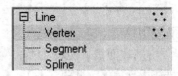

图 3-1-6

(7) 选择需要圆角化的点，见图 3-1-7。

(8) 选择 Fillet 圆角化工具，见图 3-1-8。

图 3-1-7

图 3-1-8

(9) 圆角化后效果见图 3-1-9。

(10) 点击修改器列表，见图 3-1-10。

图 3-1-9

图 3-1-10

(11) 加载 Lathe 车削修改器，见图 3-1-11。

(12) 加载后效果见图 3-1-12。

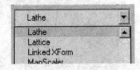

图 3-1-11

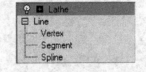

图 3-1-12

(13) 点击 MAX 按钮，见图 3-1-13。

(14) 修改后效果见图 3-1-14。

图 3-1-13

图 3-1-14

(15) 增加车削修改器的片段数，见图 3-1-15。

(16) 修改后效果见图 3-1-16。

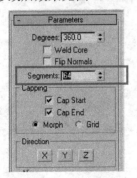

图 3-1-15

图 3-1-16

(17) 选择透视视图，见图 3-1-17。

(18) 在右键菜单中选择 Show Safe Frame，显示安全框，见图 3-1-18。

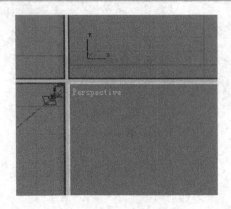

图 3-1-17

图 3-1-18

(19) 显示后效果见图 3-1-19。

(20) 点击 Views 菜单，见图 3-1-20。

图 3-1-19

图 3-1-20

(21) 选择菜单中的从当前视角创建摄像机，见图 3-1-21。

(22) 点击材质编辑器图标 ，见图 3-1-22。

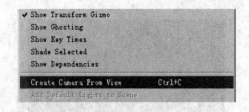

图 3-1-21

图 3-1-22

(23) 点击赋予材质图标 ，见图 3-1-23。

(24) 点击漫反射的贴图按钮，见图 3-1-24。

(25) 在材质浏览器中选择位图，见图 3-1-25。

(26) 选择石材贴图，见图 3-1-26。

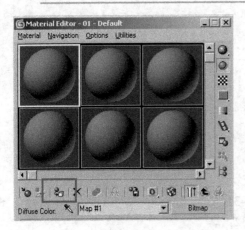

图 3-1-23

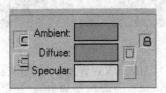

图 3-1-24

图 3-1-25

图 3-1-26

(27) 单击打开按钮，见图 3-1-27。

(28) 单击显示贴图按钮，见图 3-1-28。

图 3-1-27

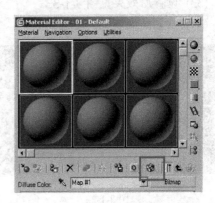

图 3-1-28

(29) 设置后效果见图 3-1-29。

(30) 单击修改器列表，见图 3-1-30。

图 3-1-29

图 3-1-30

(31) 加载 UVW Mapping 修改器，见图 3-1-31。

(32) 参数面板中选择 Box 方式，见图 3-1-32。

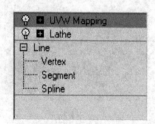

图 3-1-31

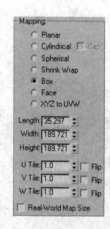

图 3-1-32

(33) 设置后效果见图 3-1-33。

(34) 设置高光参数，见图 3-1-34。

图 3-1-33

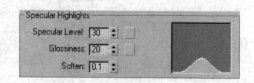

图 3-1-34

(35) 选择创建面板 ，见图 3-1-35。

(36) 点击 图形按钮，见图 3-1-36。

图 3-1-35　　　　　　　　　　　图 3-1-36

(37) 点击 Line 按钮，见图 3-1-37。

(38) 创建喷嘴截面，见图 3-1-38。

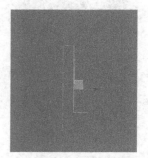

图 3-1-37　　　　　　　　　　　图 3-1-38

(39) 选中需要圆角化的点，见图 3-1-39。

(40) 点击参数面板中的 Fillet 圆角化命令，见图 3-1-40。

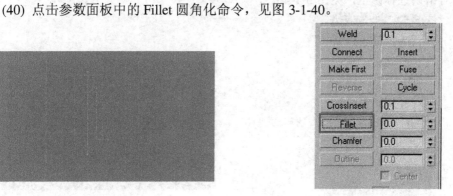

图 3-1-39　　　　　　　　　　　图 3-1-40

(41) 圆角化后效果见图 3-1-41。

(42) 加载 Lathe 修改器，见图 3-1-42。

图 3-1-41

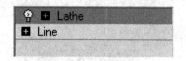

图 3-1-42

(43) 单击 MAX 按钮，见图 3-1-43。

(44) 发现错误，见图 3-1-44。

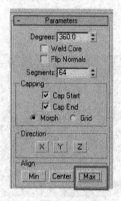

图 3-1-43

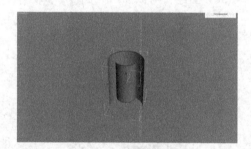

图 3-1-44

(45) 勾选参数中的反转法线，见图 3-1-45。

(46) 对错误进行修正，见图 3-1-46。

图 3-1-45

图 3-1-46

(47) 点击对齐工具，见图 3-1-47。

(48) 对话框中参数设置，见图 3-1-48。

图 3-1-48

图 3-1-47

(49) 点击 OK 按钮，见图 3-1-49。

(50) 向下移动到底部，见图 3-1-50。

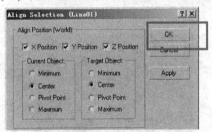

图 3-1-49

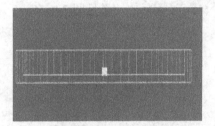

图 3-1-50

(51) 效果见图 3-1-51。

(52) 选择创建面板，见图 3-1-52。

图 3-1-51

图 3-1-52

(53) 点击几何体按钮◎，见图 3-1-53。

(54) 点击圆柱体按钮创建圆柱体，见图 3-1-54。

图 3-1-53   图 3-1-54

(55) 参数设置见图 3-1-55。

(56) 设置后的效果见图 3-1-56。

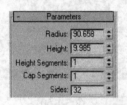 

图 3-1-55   图 3-1-56

(57) 在前视图向下移动并保证喷嘴露出，见图 3-1-57。

(58) 完成后的效果见图 3-1-58。

图 3-1-57   图 3-1-58

(59) 点击材质编辑器按钮 ⁚⁚，见图 3-1-59。

(60) 选择材质球，命名为水面，见图3-1-60。

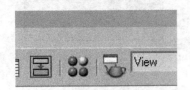

图3-1-59　　　　　　　　　　　　　图3-1-60

(61) 点击赋予材质按钮 ，赋予材质给选定对象，见图3-1-61。

(62) 点击 Diffuse 漫反射颜色，见图3-1-62。

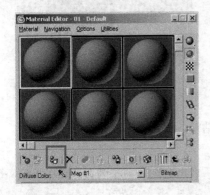

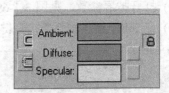

图3-1-61　　　　　　　　　　　　　图3-1-62

(63) 设置颜色参数，见图3-1-63。

(64) 高光颜色设置，见图3-1-64。

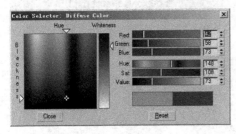

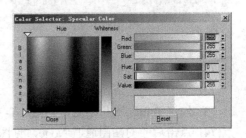

图3-1-63　　　　　　　　　　　　　图3-1-64

(65) 完成后的效果见图 3-1-65。

(66) 不透明度设置为 30，见图 3-1-66。

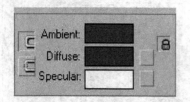

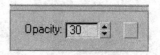

图 3-1-65

图 3-1-66

(67) 高光参数设置见图 3-1-67。

(68) 右键点击漫反射颜色，在弹出菜单选择 Copy 复制，见图 3-1-68。

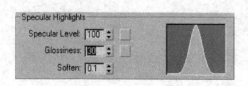

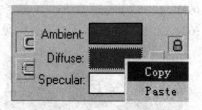

图 3-1-67

图 3-1-68

(69) 打开扩展参数，见图 3-1-69。

(70) 在 Filter 过滤颜色单击右键，选择 Paste 粘贴，见图 3-1-70。

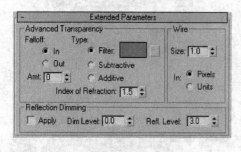

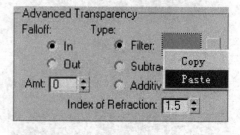

图 3-1-69

图 3-1-70

(71) 渲染测试效果，见图 3-1-71。

(72) 点击贴图通道，见图 3-1-72。

(73) 勾选 Bump 凹凸贴图，见图 3-1-73。

(74) 点击后面的贴图通道 None，见图 3-1-74。

图 3-1-71

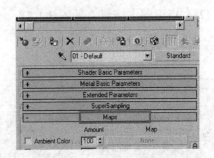

图 3-1-72

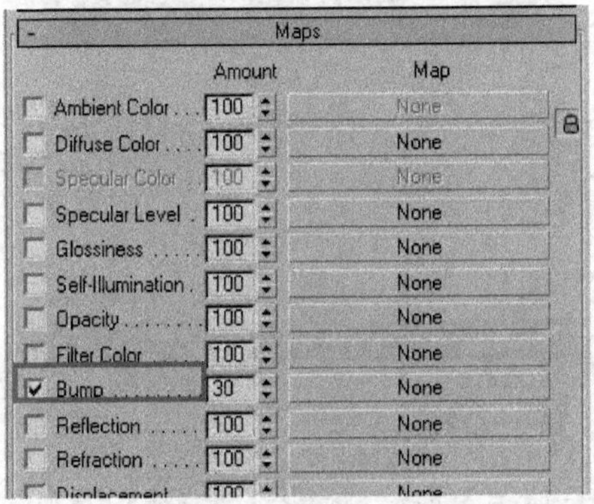

图 3-1-73

图 3-1-74

(75) 双击选择 Noise 噪波贴图，见图 3-1-75。

(76) 打开噪波贴图参数，见图 3-1-76。

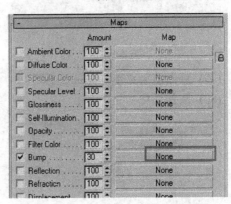

图 3-1-75

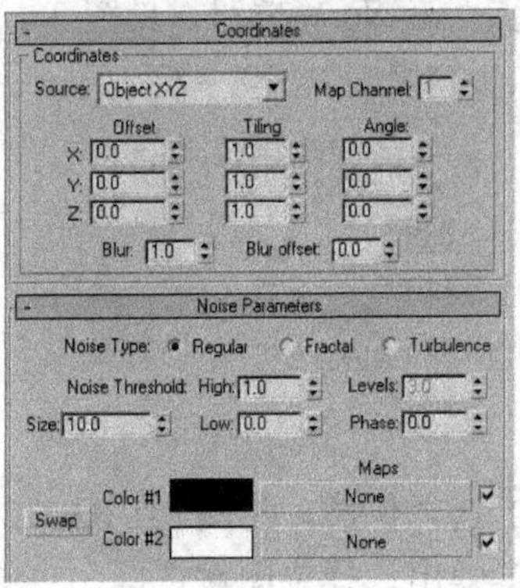

图 3-1-76

(77) 参数设置，见图 3-1-77。

(78) 点击向上按钮，见图 3-1-78。

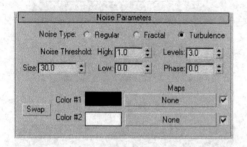

图 3-1-77

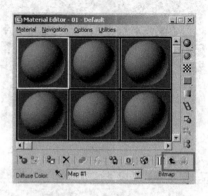

图 3-1-78

(79) 点击渲染菜单，见图 3-1-79。

(80) 选择环境，见图 3-1-80。

图 3-1-79

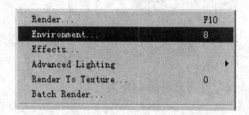

图 3-1-80

(81) 弹出窗口，见图 3-1-81。

(82) 点击 None 按钮，见图 3-1-82。

图 3-1-81

图 3-1-82

(83) 选择位图，见图 3-1-83。

(84) 弹出选择位图对话框，点击打开，见图 3-1-84。

图 3-1-83

图 3-1-84

(85) 勾选 Refraction 折射，见图 3-1-85。

(86) 打开材质浏览器，双击 Raytrace 光纤跟踪，见图 3-1-86。

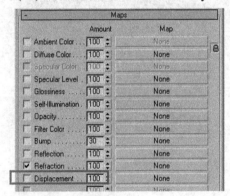

图 3-1-85

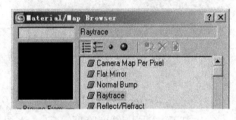

图 3-1-86

(87) 载入后的效果见图 3-1-87。

(88) 材质效果见图 3-1-88。

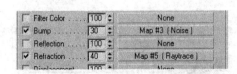

图 3-1-87

图 3-1-88

(89) 渲染效果见图 3-1-89。

(90) 点击时间设置按钮 🖵，见图 3-1-90。

图 3-1-89

图 3-1-90

(91) 设置参数，见图 3-1-91。

(92) 单击 OK 按钮，见图 3-1-92。

图 3-1-91

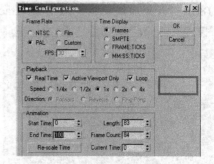

图 3-1-92

(93) 勾选 Reflection 反射，见图 3-1-93。

(94) 打开材质贴图浏览器，双击位图，见图 3-1-94。

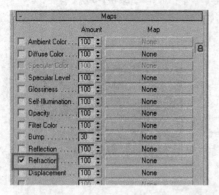

图 3-1-93

图 3-1-94

(95) 选中贴图，点击打开，见图 3-1-95。

(96) 点击向上按钮 ，见图 3-1-96。

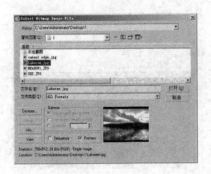

图 3-1-95

图 3-1-96

(97) 查看各个贴图通道数值，见图 3-1-97。

(98) 渲染效果，见图 3-1-98。

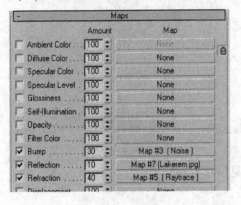

图 3-1-97

图 3-1-98

(99) 打开自动记录关键帧按钮，见图 3-1-99。

(100) 将时间滑块移动到 100 帧，见图 3-1-100。

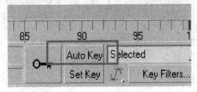

图 3-1-99

图 3-1-100

（101）点击噪波贴图，见图 3-1-101。

（102）设置 Z 轴坐标为 15，见图 3-1-102。

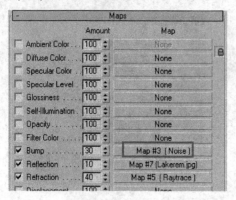

图 3-1-101

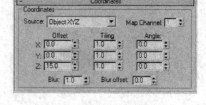

图 3-1-102

（103）设置相位为 1，见图 3-1-103。

（104）移动时间滑块到 0 帧，见图 3-1-104。

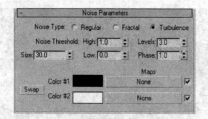

图 3-1-103

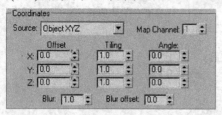

图 3-1-104

（105）查看记录过关键帧的动画数值为 0，见图 3-1-105。

（106）相位为 0，见图 3-1-106。

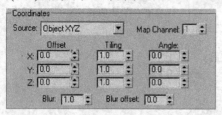

图 3-1-105

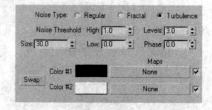

图 3-1-106

（107）关闭自动记录关键帧，见图 3-1-107。

（108）点击创建面板按钮 ，见图 3-1-108。

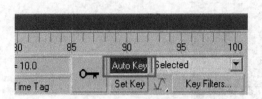

图 3-1-107

图 3-1-108

(109) 单击几何体按钮 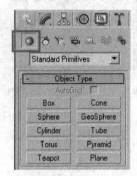，见图 3-1-109。

(110) 选中粒子系统，见图 3-1-110。

图 3-1-109

图 3-1-110

(111) 单击超极喷射按钮，见图 3-1-111。

(112) 创建超级喷射粒子，见图 3-1-112。

图 3-1-111

图 3-1-112

(113) 基本参数设置，见图 3-1-113。

(114) 粒子生成参数设置，见图 3-1-114 和图 3-1-115。

图 3-1-113

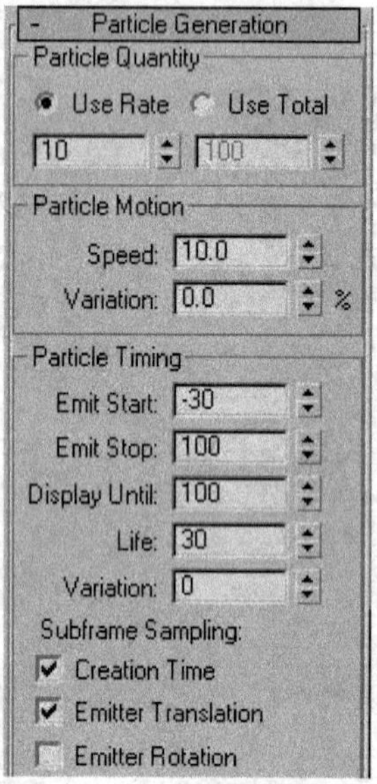

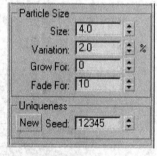

图 3-1-114

图 3-1-115

(115) 粒子类型参数设置，见图 3-1-116。

(116) 旋转碰撞参数设置，见图 3-1-117。

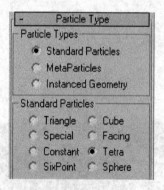

图 3-1-116

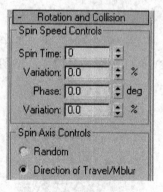

图 3-1-117

(117) 观看效果，见图 3-1-118。

(118) 点击创建面板按钮 ，见图 3-1-119。

图 3-1-118

图 3-1-119

(119) 单击空间扭曲按钮 ≋，见图 3-1-120。

(120) 选择力，见图 3-1-121。

图 3-1-120

图 3-1-121

(121) 单击重力，见图 3-1-122。

(122) 创建重力，见图 3-1-123。

图 3-1-122

图 3-1-123

(123) 选择空间绑定按钮 ![]，见图 3-1-124。

(124) 将粒子绑定到重力上，见图 3-1-125。

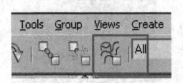

图 3-1-124

图 3-1-125

(125) 观看效果发现粒子高度太低，见图 3-1-126。

(126) 降低重力强度为 0.2，见图 3-1-127。

图 3-1-126

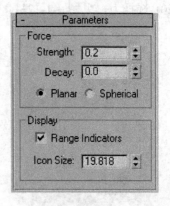

图 3-1-127

(127) 再次设置粒子生成参数，保证粒子落到地面才死亡，见图 3-1-128。

(128) 观看效果，见图 3-1-129。

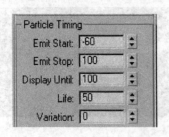

图 3-1-128

图 3-1-129

(129) 点击右键快捷菜单选择属性，见图 3-1-130。

(130) 打开属性面板，见图 3-1-131。

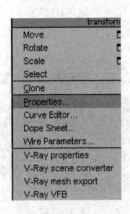

图 3-1-130

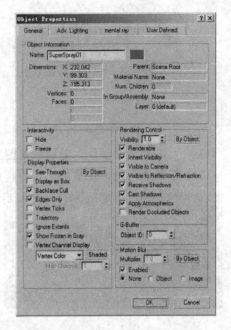

图 3-1-131

(131) 在运动模糊中选择图像模糊，倍增值设置为 5，见图 3-1-132。

(132) 渲染效果，见图 3-1-133。

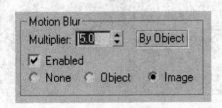

图 3-1-132

图 3-1-133

(133) 点击材质编辑器图标，见图 3-1-134。

(134) 打开材质编辑器面板，选择材质球，命名为水，见图 3-1-135。

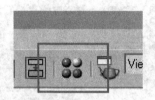

图 3-1-134

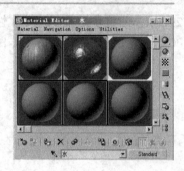

图 3-1-135

(135) 点击漫反射颜色，数值，见图 3-1-136。

(136) 修改后效果，设置高光参数，见图 3-1-137。

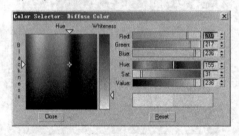

图 3-1-136

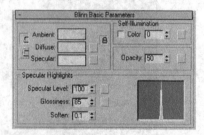

图 3-1-137

(137) 设置扩展参数，见图 3-1-138。

(138) 渲染效果，见图 3-1-139。

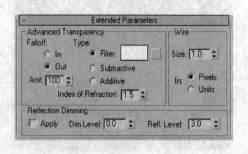

图 3-1-138

图 3-1-139

(139) 点击灯光按钮，见图 3-1-140。

(140) 单击目标聚光灯 Target Spot ，见图 3-1-141。

图 3-1-140

图 3-1-141

(141) 创建目标聚光灯，见图 3-1-142。

(142) 开启阴影，见图 3-1-143。

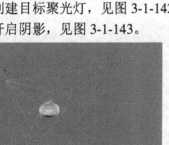

图 3-1-142

图 3-1-143

(143) 单击泛光灯，并使其照射到水池的反光位置，见图 3-1-144。

(144) 设置参数，见图 3-1-145。

图 3-1-144

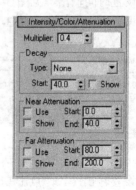

图 3-1-145

(145) 不启用阴影，见图 3-1-146。

(146) 渲染效果见图 3-1-147。

图 3-1-146

图 3-1-147

(147) 点击渲染场景对话框，见图 3-1-148。

(148) 打开对话框，见图 3-1-149。

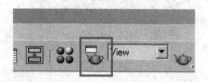

图 3-1-148

图 3-1-149

(149) 设置时间输出，见图 3-1-150。

(150) 设置输出尺寸，见图 3-1-151。

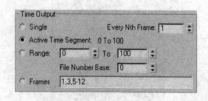

图 3-1-150

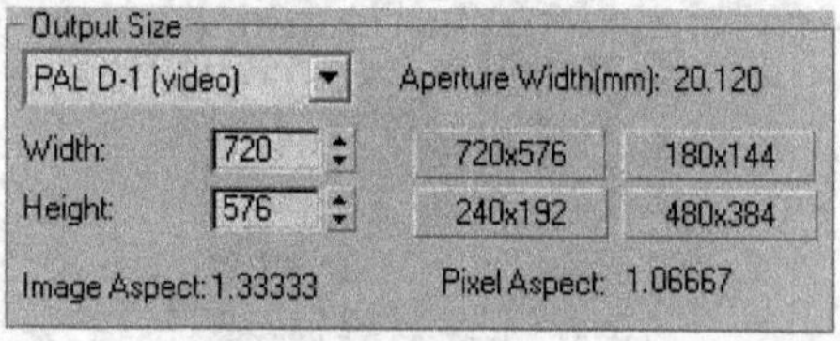

图 3-1-151

(151) 设置输出路径，点击 Files，见图 3-1-152。

(152) 打开对话框设置名称和格式，点击保存按钮，见图 3-1-153。

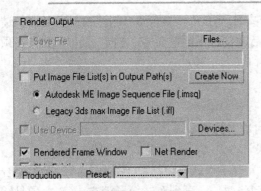

图 3-1-152

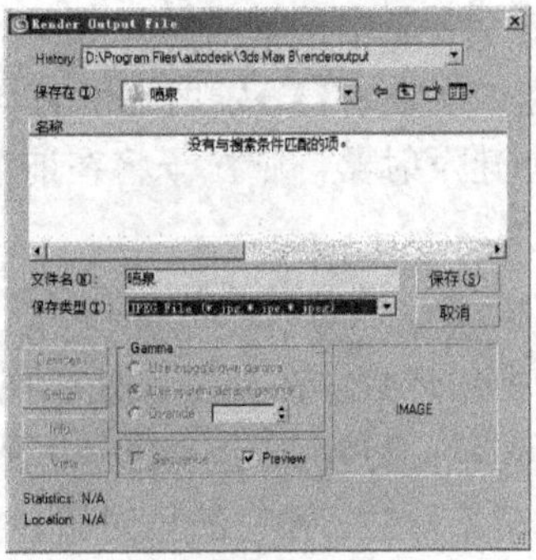

图 3-1-153

(153) 弹出对话框，见图 3-1-154。

(154) 点击 OK 按钮，开始渲染，见图 3-1-155。

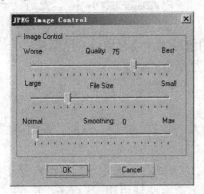

图 3-1-154

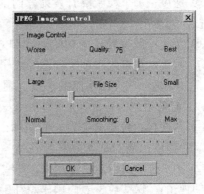

图 3-1-155

相关知识

1. 粒子系统——喷射粒子

可模拟雨、喷泉、公园喷泉的喷水等水滴效果，效果见图 3-1-156。

1) 喷射

超级喷射是喷射的一种更强大、更高级的版本。它提供了喷射的所有功能以及其他一些特性。

要创建喷射，需执行以下操作：

在创建面板上，确保几何体按钮已激活，并

图 3-1-156

在对象类别列表中选择了粒子系统，然后单击喷射。在视口中拖动以创建喷射发射器；请参见创建粒子发射器。发射器的方向向量指向活动构造平面的负 Z 方向。例如，如果在顶视口中创建发射器，则粒子将在前视口和左视口中向下移动。

2) 界面

(1) 粒子组。

① 视口计数：在给定帧处，视口中显示的最大粒子数。

② 提示：将视口显示数量设置为少于渲染计数，可以提高视口的性能。

③ 渲染计数：帧在渲染时可以显示的最大粒子数。该选项与粒子系统的计时参数配合使用。如果粒子数达到渲染计数的值，粒子创建将暂停，直到有些粒子消亡。消亡了足够的粒子后，粒子创建将恢复，直到再次达到渲染计数的值。

④ 水滴大小：粒子的大小(以活动单位数计)。

⑤ 速度：每个粒子离开发射器时的初始速度。粒子以此速度运动，除非受到粒子系统空间扭曲的影响。

⑥ 变化：改变粒子的初始速度和方向。变化的值越大，喷射越强且范围越广。

⑦ 水滴、圆点或十字叉：选择粒子在视口中的显示方式。显示设置不影响粒子的渲染方式。水滴是一些类似雨滴的条纹，圆点是一些点，十字叉是一些小的加号。

(2) 渲染组。

① 四面体：粒子渲染为长四面体，长度在水滴大小参数中指定。四面体是渲染的默认设置。它提供水滴的基本模拟效果。

② 面：粒子渲染为正方形面，其宽度和高度等于水滴大小。面粒子始终面向摄影机(即用户的视角)。这些粒子专门用于材质贴图。请对气泡或雪花使用相应的不透明贴图。

③ 注意：面只能在透视视图或摄影机视图中正常工作。

(3) 计时组。

计时参数控制发射的粒子的出生和消亡速率。在计时组的底部是显示最大可持续速率的行，此值基于渲染计数和每个粒子的寿命。为了保证准确：最大可持续速率 = 渲染计数/寿命。因为一帧中的粒子数永远不会超过渲染计数的值，如果出生速率超过了最高速率，系统将用光所有粒子，并暂停生成粒子，直到有些粒子消亡，然后重新开始生成粒子，形成突发或喷射的粒子。

① 开始：第一个出现粒子的帧的编号。

② 寿命：每个粒子的寿命(以帧数计)。

③ 出生速率：每个帧产生的新粒子数。如果此设置小于或等于最大可持续速率，粒子系统将生成均匀的粒子流。如果此设置大于最大速率，粒子系统将生成突发的粒子。可以为出生速率参数设置动画。

④ 恒定：启用该选项后，出生速率不可用，所用的出生速率等于最大可持续速率。禁用该选项后，出生速率可用。默认设置为启用。 禁用恒定并不意味着出生速率自动改变；除非为出生速率参数设置了动画，否则，出生速率将保持恒定。

(4) 发射器组。

发射器指定场景中出现粒子的区域。发射器包含可以在视口中显示的几何体，但是发射器不可渲染。发射器显示为一个向量从一个面向外指出的矩形。向量显示系统发射粒子的方向。

① 宽度和长度：在视口中拖动以创建发射器时，即隐性设置了这两个参数的初始值。可以在卷展栏中调整这些值。粒子系统在给定时间内占用的空间是初始参数(例如发射器的大小以及发射的速度和变化)以及已经应用的空间扭曲组合作用的结果。

② 隐藏：启用该选项可以在视口中隐藏发射器。禁用隐藏后，在视口中显示发射器。发射器从不会被渲染。默认设置为禁用状态。

2. 三维动画常识

3ds MAX 窗口介绍见图 3-1-157。窗口中包含以下主要部分：

1—菜单栏、2—窗口/交叉选择切换、3—捕捉工具、4—命令面板、5—对象类别、6—卷展栏、7—活动视口、8—视口导航控制、9—动画播放控制、10—动画关键点控制、11—绝对/相对坐标切换和坐标显示、12—提示行和状态栏、13—MAXScript 迷你侦听器、14—轨迹栏、15—时间滑块和 16—主工具栏。

视口占据了主窗口的大部分，可在视口中查看和编辑场景。窗口的剩余区域用于容纳控制功能以及显示状态信息。

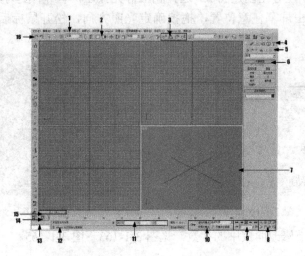

图 3-1-157

3. 常见的粒子应用

常见的粒子应用见图 3-1-158、图 3-1-159 和图 3-1-160。

图 3-1-158

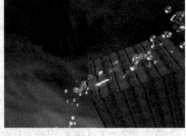
图 3-1-159

图 3-1-160

技能强化

1. 灯光

1) 灯光类型

主要灯光又称泛光灯、聚光灯、平行光。

2) 编辑方法

选择灯管按钮，在灯光创建面板，选择相应灯光按钮，单击后变为黄色，见图 3-1-161。

拖动创建，单击屏幕任意位置，拖拽确定光照方向，松开鼠标后目标点确定，见图 3-1-162。

图 3-1-161

图 3-1-162

调整参数，调节修改面板中的参数，见图 3-1-163～图 3-1-165。

图 3-1-163

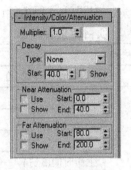
图 3-1-164

图 3-1-165

3) 灯光练习

(1) 泛光灯练习，见图 3-1-166。

(2) 目标聚光灯练习，见图 3-1-167。

(3) 目标平行光练习，见图 3-1-168。

图 3-1-166

图 3-1-167

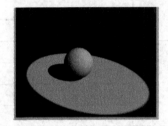
图 3-1-168

2. 小技巧

(1) 很多人知道 Ctrl+x MAX 的全屏模式，但这时想创建或编辑就麻烦了，试试 Ctrl+右键。其实配合 Alt、Shift 右键也会有不同的作用。

(2) 模型过复杂视口速度就很慢，加一个 edit mesh 试试，测试很简单：对一个 box meshsmooth 几次，等到移动视口明显变慢了给一个 edit mesh。

(3) 有时候直接旋转透视图更方便得到想要的视角，这时选中或新建一个相机然后 Ctrl+c，透视图就直接变成相机视图了。

 拓展与提高

(1) 以任务步骤为参考，完成喷泉效果。

(2) 根据下列的项目实训评价表，对设计过程进行评价，以促进技能的提高。

项目实训评价表

内　容		评　价		
学 习 目 标	评 价 项 目	3	2	1
粒子喷射(15分)	粒子选择(3分)			
	喷射数量(3分)			
	喷射速度(3分)			
	生命时间(3分)			
	粒子大小(3分)			
重力绑定(9分)	创建重力(3分)			
	空间绑定(3分)			
	重力强度(3分)			
材质灯光(6分)	水材质(3分)			
	水的投影(3分)			
渲染输出(3分)	模糊(3分)			
解决问题能力(3分)				
自我提高能力(3分)				
互相协作能力(3分)				
革新、创新能力(3分)				

（职业能力／通用能力）

思考与练习

为某酒店正门前小广场设计一款喷泉，参考图 3-1-169 和图 3-1-170。

图 3-1-169

图 3-1-170

任务二 自 然 现 象

任务描述

在建筑动画中，经常需要模拟某些天气效果，比如下雨、下雪等。自然现象的模拟能够更好地烘托建筑环境和气氛。

任务分析

以典型自然现象下雪为例，可以使用前期制作和后期制作两种方法。前期制作可以使用三维软件的例子系统模拟，后期可以在后期合成软件中添加特效完成。本节讲解使用三维动画软件 3ds MAX 来制作下雨下雪的效果。

任务实施

1. 了解客户需求，找到合适方案

2. 搜集素材

搜集动态及静态素材，感受下雪的动态效果，见图 3-2-0。

图 3-2-0

3. 动画制作

(1) 点击创建面板按钮 ，见图 3-2-1。

(2) 点击创建几何体按钮 ，见图 3-2-2。

图 3-2-1

图 3-2-2

(3) 在下拉列表框中选择 Particle System 粒子系统，见图 3-2-3。

(4) 点击 Snow 雪花粒子系统，见图 3-2-4。

图 3-2-3

图 3-2-4

(5) 在工作区中创建雪花粒子，见图 3-2-5。

(6) 在 Render 参数中选择 Facing，见图 3-2-6。

(7) 点击材质编辑器图标 ，见图 3-2-7。

(8) 将一个材质赋予对象按钮 ，见图 3-2-8。

图 3-2-5

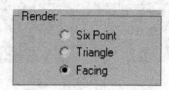

图 3-2-6

图 3-2-7

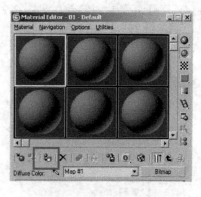

图 3-2-8

(9) 将 Diffuse 漫反射设置为白色,见图 3-2-9。

(10) 将自发光设置为 100,见图 3-2-10。

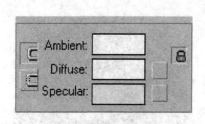

图 3-2-9

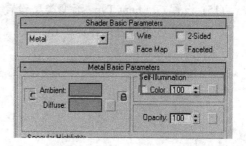

图 3-2-10

(11) 点击不透明度贴图的按钮,见图 3-2-11。

(12) 打开材质浏览器,见图 3-2-12。

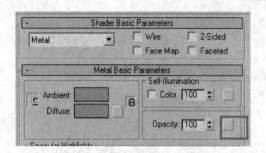

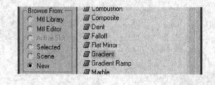

图 3-2-11   图 3-2-12

(13) 选择渐变 Gradient 贴图，见图 3-2-13。

(14) 打开渐变贴图参数，见图 3-2-14。

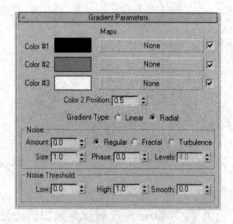

图 3-2-13   图 3-2-14

(15) 设置 Gradient Type 渐变类型设置为 Radial 径向，见图 3-2-15。

(16) 渲染后的效果见图 3-2-16。

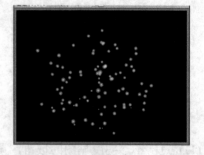

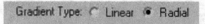

图 3-2-15   图 3-2-16

4. 制作下雨效果

(1) 点击 Blizzard 暴风雪按钮，见图 3-2-17。

(2) 在工作区中创建暴风雪粒子，见图 3-2-18。

图 3-2-17　　　　　　　　　　　　　　图 3-2-18

(3) 点击时间设置按钮，见图 3-2-19。

(4) 打开时间设置对话框，参数设置，见图 3-2-20。

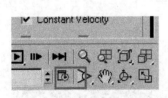

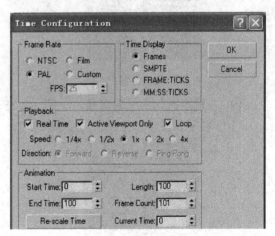

图 3-2-19　　　　　　　　　　　　　　图 3-2-20

(5) 点击基本参数设置，见图 3-2-21。

(6) 视口中显示 100% 的粒子，见图 3-2-22。

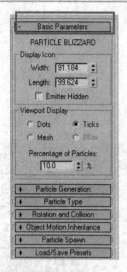

图 3-2-21

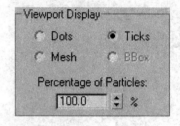

图 3-2-22

(7) 打开粒子生成参数，见图 3-2-23。

(8) 在粒子数量中设置总数为 100，见图 3-2-24。

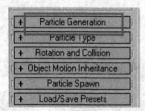

图 3-2-23

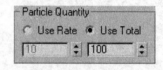

图 3-2-24

(9) 在粒子时间中设置参数，见图 3-2-25。

(10) 粒子大小参数中设置，见图 3-2-26。

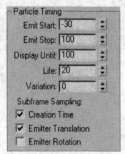

图 3-2-25

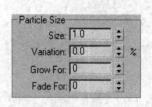

图 3-2-26

（11）打开粒子类型卷展栏，见图 3-2-27。

（12）选择 Instanced Geometry 实例几何体项目，见图 3-2-28。

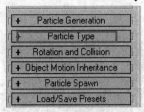

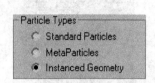

图 3-2-27   图 3-2-28

（13）点击创建面板 按钮，见图 3-2-29。

（14）点击创建几何体 按钮，见图 3-2-30。

图 3-2-29   图 3-2-30

（15）选择标准几何体，见图 3-2-31。

（16）选择圆锥，见图 3-2-32。

图 3-2-31   图 3-2-32

(17) 参数设置，见图 3-2-33。

(18) 设置后效果，见图 3-2-34。

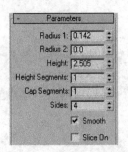

图 3-2-33

图 3-2-34

(19) 观看雨滴和粒子的比例，见图 3-2-35。

(20) 点击粒子类型参数，见图 3-2-36。

图 3-2-35

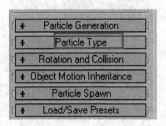

图 3-2-36

(21) 参数设置如图，选择实例几何体，见图 3-2-37。

(22) 打开实例参数，见图 3-2-38。

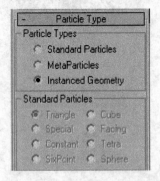

图 3-2-37

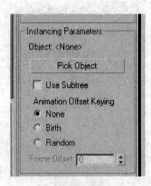

图 3-2-38

(23) 单击拾取对象，在视口中拾取圆锥，见图 3-2-39。

(24) 打开基本参数，见图 3-2-40。

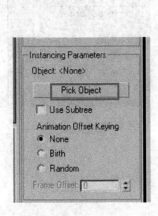

图 3-2-39　　　　　　　　　　　　　图 3-2-40

(25) 视口中显示所有的粒子，并以 Mesh 网格方式显示，见图 3-2-41。

(26) 粒子有旋转效果，可雨滴不应该旋转，必须修正效果，见图 3-2-42。

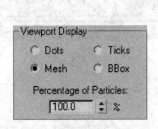

图 3-2-41　　　　　　　　　　　　　图 3-2-42

(27) 打开粒子生成参数，见图 3-2-43。

(28) 粒子大小设置参数，见图 3-2-44。

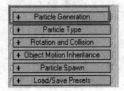

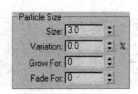

图 3-2-43　　　　　　　　　　　　　图 3-2-44

(29) 打开粒子旋转与碰撞参数,见图 3-2-45。

(30) 参数设置,见图 3-2-46。

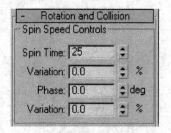

图 3-2-45

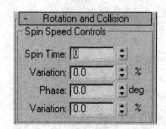

图 3-2-46

(31) 修正后效果,见图 3-2-47。

(32) 打开粒子生成参数,见图 3-2-48。

图 3-2-47

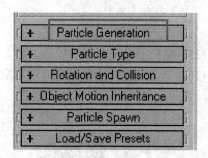

图 3-2-48

(33) 总数设置为 300,见图 3-2-49。

(34) 修正后效果见图 3-2-50。

图 3-2-49

图 3-2-50

(35) 点击创建面板 按钮，见图 3-2-51。

(36) 点击创建几何体 按钮，见图 3-2-52。

图 3-2-51

图 3-2-52

(37) 点击管状体 Tube，见图 3-2-53。

(38) 创建管状体，见图 3-2-54。

图 3-2-53

图 3-2-54

(39) 设置参数，见图 3-2-55。

(40) 手动记录第一帧，见图 3-2-56。

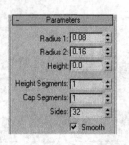

图 3-2-55

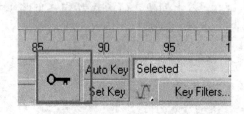

图 3-2-56

(41) 效果见图 3-2-57。

(42) 在动画控制区将帧数锁定到 20 帧，见图 3-2-58。

图 3-2-57

图 3-2-58

(43) Auto Key 自动记录关键帧，见图 3-2-59。

(44) 更改参数并被自动记录，见图 3-2-60。

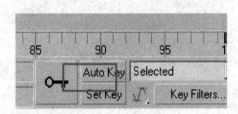

图 3-2-59

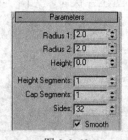

图 3-2-60

(45) 将时间滑块移动至 20 帧，见图 3-2-61。

(46) 选中管状体，见图 3-2-62。

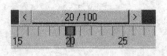

图 3-2-61

图 3-2-62

(47) 在右键菜单中选择 Properties 属性项，见图 3-2-63。

(48) 打开属性面板，见图 3-2-64。

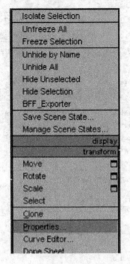

图 3-2-63

图 3-2-64

(49) 将 Visibility 可见性设置为 0，见图 3-2-65。

(50) 将时间滑块移动至第 10 帧，见图 3-2-66。

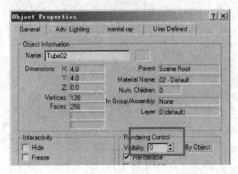

图 3-2-65

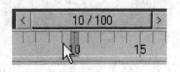

图 3-2-66

(51) 再将可见性设置为 1，见图 3-2-67。

(52) 关闭自动记录关键帧完成动画记录，见图 3-2-68。

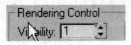

图 3-2-67

图 3-2-68

(53) 选择 Edit 编辑菜单，见图 3-2-69。

(54) 选择菜单中的 Clone 克隆命令，见图 3-2-70。

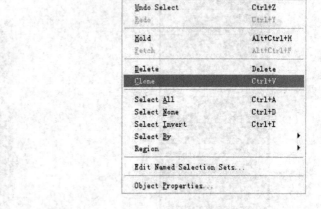

图 3-2-69　　　　　　　　　　　　　　图 3-2-70

(55) 在克隆对话框中选择 Copy 复制选项，见图 3-2-71。

(56) 选中对象的所有关键帧，见图 3-2-72。

图 3-2-71

图 3-2-72

(57) 将所有关键帧向后移动 10 帧，见图 3-2-73。

(58) 将滑块移动至第 10 帧，见图 3-2-74。

图 3-2-73

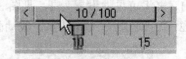

图 3-2-74

(59) 使用链接工具，见图 3-2-75。

(60) 从小的链接到大的，见图 3-2-76。

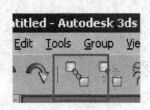

图 3-2-75　　　　　　　　　　　　　　图 3-2-76

(61) 在前视图移动复制粒子到粒子生命消失的位置，见图 3-2-77。

(62) 打开粒子类型参数，见图 3-2-78。

图 3-2-77　　　　　　　　　　　　　　图 3-2-78

(63) 点击拾取对象按钮，见图 3-2-79。

(64) 拾取大的管状体，粒子发生变化，但不应该下落，应该原地发生效果，见图 3-2-80。

图 3-2-79　　　　　　　　　　　　　　图 3-2-80

(65) 打开粒子生成参数，见图 3-2-81。

(66) 将速度设置为 0，见图 3-2-82。

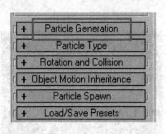

图 3-2-81

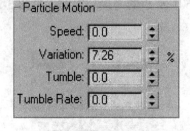

图 3-2-82

(67) 粒子大小设置为 3，见图 3-2-83。

(68) 打开粒子类型参数，见图 3-2-84。

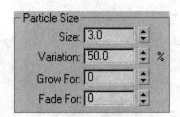

图 3-2-83

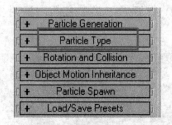

图 3-2-84

(69) 勾选 Use Subtree，并在 Animation Offest Keying 中选择 Birth 方式，见图 3-2-85。

(70) 完成设置后，效果见图 3-2-86。

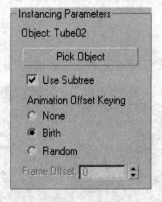

图 3-2-85

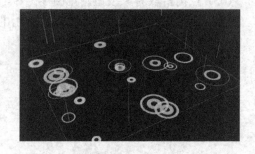

图 3-2-86

(71) 渲染后的效果见图 3-2-87。

(72) 选中雨滴粒子，在右键菜单中选择属性，见图 3-2-88。

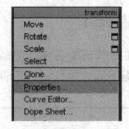

图 3-2-87　　　　　　　　　　　　　　　　图 3-2-88

(73) 在 Motion Blur 运动模糊中将模糊强度设置为 4，见图 3-2-89。

(74) 渲染后的效果见图 3-2-90。

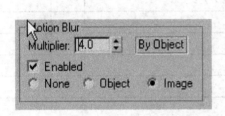

图 3-2-89　　　　　　　　　　　　　　　　图 3-2-90

 **相关知识**

粒子系统简介

粒子系统用于各种动画任务，主要是在使用程序方法为大量的小型对象设置动画时使用粒子系统，例如创建暴风雪、水流或爆炸。3ds MAX 提供了两种不同类型的粒子系统：事件驱动和非事件驱动。事件驱动粒子系统，又称为粒子流，它测试粒子属性，并根据测试结果将其发送给不同的事件。粒子位于事件中时，每个事件都指定粒子的不同属性和行为。在非事件驱动粒子系统中，粒子通常在动画过程中显示类似的属性。

重要信息：粒子系统可以涉及大量实体，每个实体都要经历一定数量的复杂计算。因此，将它们用于高级模拟时，您必须使用运行速度非常快的计算机，且内存容量尽可能大。另外，功能强大的图形卡可以加快粒子几何体在视口中的显示速度。而且，该图形卡仍然可以轻松加载系统，如果碰到失去响应的问题，请等待粒子系统完成其计算，然后减少系统中的粒子数，实施缓存或采用其他方法来优化性能。

拓展与提高

(1) 以制作步骤为参考，完成人群效果。

(2) 根据下列的项目实训评价表，对设计过程进行评价，以促进技能的提高。

项目实训评价表

内 容		评 价		
学 习 目 标	评 价 项 目	3	2	1
职业能力 下雪(6分)	参数正确(3分)			
	渲染正确(3分)			
下雨(6分)	参数正确(3分)			
	渲染正确(3分)			
通用能力 解决问题能力(3分)				
自我提高能力(3分)				
互相协作能力(3分)				
革新、创新能力(3分)				

思考与练习

制作雨夹雪效果，输出为带有透明通道的序列帧。

任务三　礼　　花

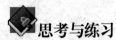

任务描述

建筑动画中常常需要渲染节日或者庆典的热闹喜庆气氛。而礼花是必不可少的锦上添花的元素，在本节中我们要学习如何为建筑动画制作礼花效果。

任务分析

礼花可以通过三种方法实现，第一种是实拍素材，其优点是动态、逼真，缺点是不利于修改和定制。第二种是利用三维软件制作，效果绚烂，可控性强，但是参数复杂。第三种方法是利用后期软件粒子插件实现，参数相对简单，但不能立体查看。

任务实施

1. 了解客户需求，找到合适方案

2. 搜集素材

烟花礼花的动态素材，感受动画效果，见图 3-3-0。

图 3-3-0

3. 动画制作

(1) 点击超级喷射图标，见图 3-3-1。

(2) 创建超极喷射粒子，见图 3-3-2。

图 3-3-1

图 3-3-2

(3) 进入 Basic Parameters 基本参数设置，见图 3-3-3 和图 3-3-4。

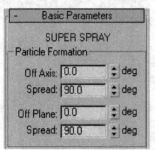

图 3-3-3　　　　　　　　　　　　　图 3-3-4

(4) 进入 Paricle Generation 粒子生成参数设置，见图 3-3-5～图 3-3-7。

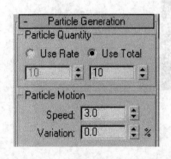

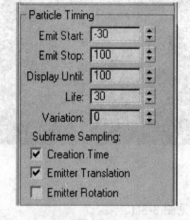

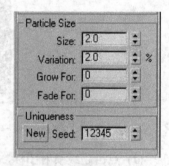

图 3-3-5　　　　　　　　　图 3-3-6　　　　　　　　　图 3-3-7

(5) 进入 Particle Type 粒子类型参数设置，见图 3-3-8 和图 3-3-9。

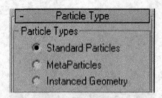

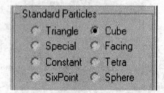

图 3-3-8　　　　　　　　　　　　　图 3-3-9

(6) 进入 Particle Spawn 粒子繁殖参数设置，见图 3-3-10 和 3-3-11。

(7) 再新建一个超极喷射粒子，见图 3-3-12 和图 3-3-13。

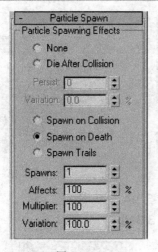

图 3-3-10

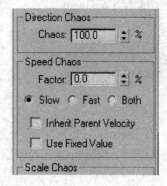

图 3-3-11

图 3-3-12

图 3-3-13

(8) 打开 Basic Parameters 基本参数设置，见图 3-3-14 和图 3-3-15。

图 3-3-14

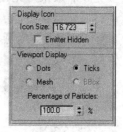

图 3-3-15

(9) 打开 Particle Generation 粒子生成参数设置，见图 3-3-16～图 3-3-18。

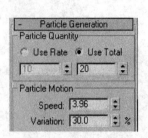

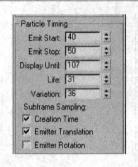

图 3-3-16   图 3-3-17   图 3-3-18

(10) 打开 Particle Type 粒子类型参数设置，见图 3-3-19。

(11) 打开 Particle Spawn 粒子繁殖参数设置，见图 3-3-20。

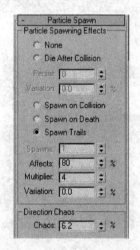

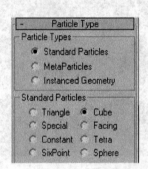

图 3-3-19   图 3-3-20

(12) 设置完成后效果，见图 3-3-21。

(13) 点击材质编辑器图标 ，见图 3-3-22。

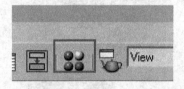

图 3-3-21   图 3-3-22

(14) 打开材质编辑器窗口，见图 3-3-23。

(15) 选择 Diffuse 漫反射的贴图按钮，见图 3-3-24。

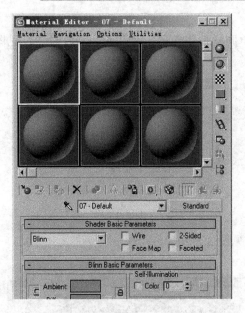

图 3-3-23

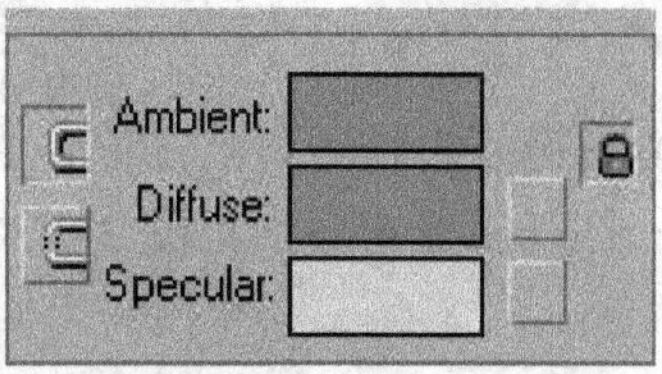

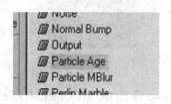

图 3-3-24

(16) 打开材质浏览器，选择 Particle Age 粒子年龄贴图，见图 3-3-25 和图 3-3-26。

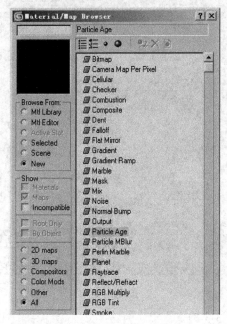

图 3-3-25

图 3-3-26

(17) 设置粒子年龄颜色，见图 3-3-27。

(18) 运用同样方法设置第二个烟火的材质，同样使用粒子年龄贴图，颜色设置，见图 3-3-28。

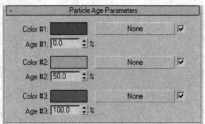

图 3-3-27

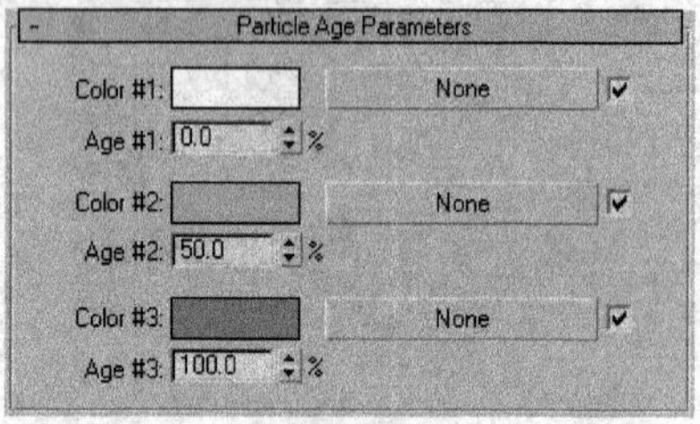

图 3-3-28

(19) 右键点击粒子，点击 Properties 属性，见图 3-3-29。

(20) 打开属性窗口，见图 3-3-30。

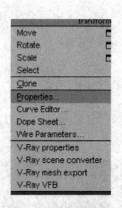

图 3-3-29

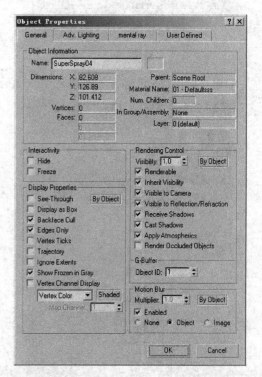

图 3-3-30

(21) 将 G-Buffer 的 Object ID 设置为 1，见图 3-3-31。

(22) 点击 Views 菜单，见图 3-3-32。

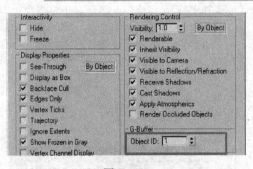

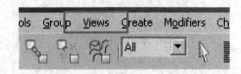

图 3-3-31   图 3-3-32

(23) 单击 Creat Camera From View 从视角创建摄像机命令，见图 3-3-33。

(24) 点击 Rendering 渲染菜单，见图 3-3-34。

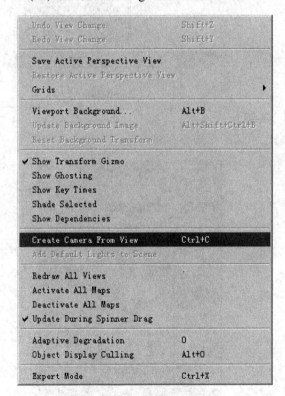

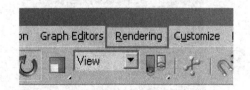

图 3-3-33   图 3-3-34

(25) 选择 Video Post 视频合成命令，见图 3-3-35。

(26) 打开 Video Post 视频合成窗口，见图 3-3-36。

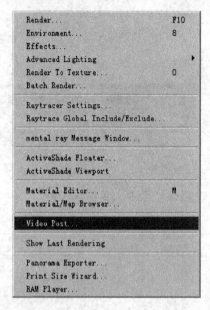

图 3-3-35

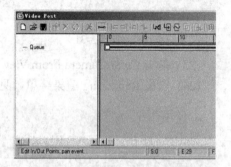

图 3-3-36

(27) 点击图标添加场景事件 ，见图 3-3-37。

(28) 选择摄像机视角，点击 OK 按钮完成添加，见图 3-3-38。

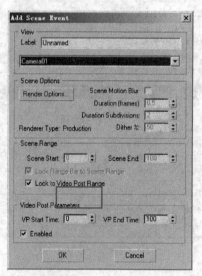

图 3-3-37

图 3-3-38

(29) 点击添加图像滤镜图标，见图 3-3-39。

(30) 在弹出窗口中，添加 Lens Effects Glow 镜头效果光晕，并点击 OK 按钮完成添加，见图 3-3-40。

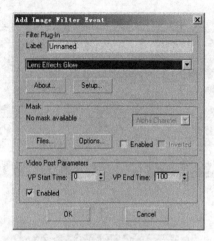

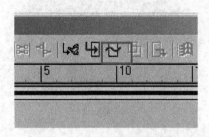

图 3-3-39　　　　　　　　　　　　　图 3-3-40

(31) 添加后如图，双击镜头效果光晕，见图 3-3-41。

(32) 弹出 Add Image Filter Event 添加滤镜事件窗口，见图 3-3-42。

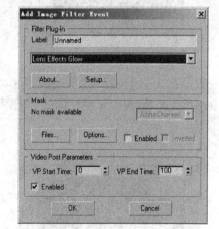

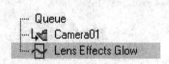

图 3-3-41　　　　　　　　　　　　　图 3-3-42

(33) 点击 Setup 设置，见图 3-3-43。

(34) 打开镜头光晕效果设置窗口，见图 3-3-44。

(35) 点击 Preview 预览按钮，见图 3-3-45。

(36) 点击 VP Queue，即 VP 队列按钮，见图 3-3-46。

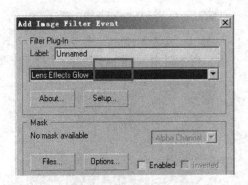

图 3-3-43

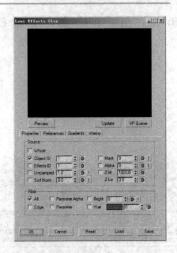

图 3-3-44

图 3-3-45

图 3-3-46

(37) 窗口呈现初始效果，见图 3-3-47。

(38) 点击 Properties 属性面板，见图 3-3-48。

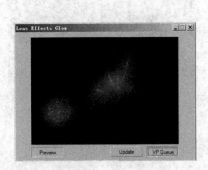

图 3-3-47

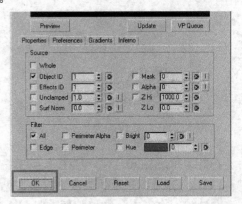

图 3-3-48

(39) 设置对象 ID 为 1，见图 3-3-49。

(40) 打开 Preferences 设置参数面板，见图 3-3-50。

图 3-3-49　　　　　　　　　　　　　图 3-3-50

(41) 效果 Size 大小设置为 2，见图 3-3-51。

(42) 在 Color 颜色中的 Intensity 密度设置为 80，见图 3-3-52。

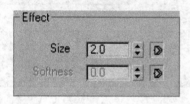

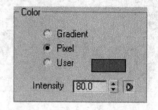

图 3-3-51　　　　　　　　　　　　　图 3-3-52

(43) 点击 OK 按钮完成设置，见图 3-3-53。

(44) 点击添加图像输出事件，见图 3-3-54。

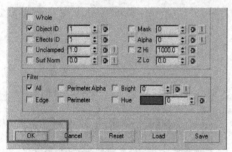

图 3-3-53　　　　　　　　　　　　　图 3-3-54

(45) 弹出窗口，见图 3-3-55。

(46) 点击 Files 文件按钮，见图 3-3-56。

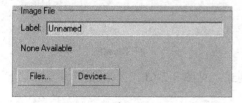

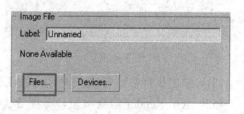

图 3-3-55　　　　　　　　　　　　　图 3-3-56

（47）打开对话框，设置保存路径、文件名以及格式，点击保存按钮，见图 3-3-57。

（48）弹出格式设置对话框，见图 3-3-58。

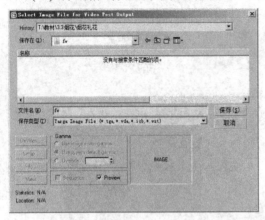

图 3-3-57

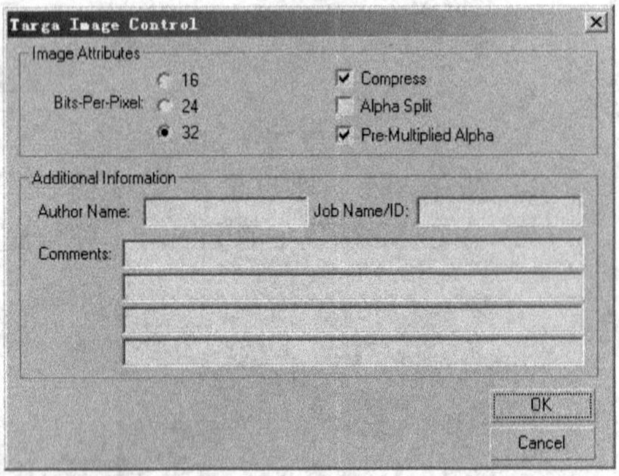

图 3-3-58

（49）点击 OK 按钮，见图 3-3-59。

（50）点击执行序列按钮，见图 3-3-60。

图 3-3-59

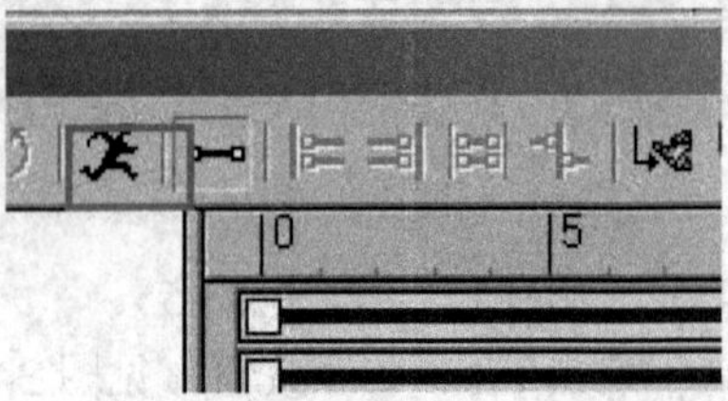

图 3-3-60

（51）弹出执行参数窗口，设置为 PAL D-1 制式，见图 3-3-61。

（52）点击 Render 渲染按钮，见图 3-3-62。

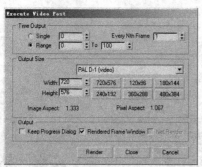

图 3-3-61

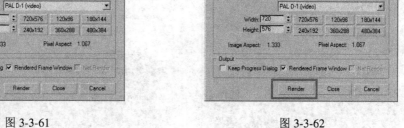

图 3-3-62

(53) 完成后点击渲染菜单，见图 3-3-63。

(54) 选择 Ram Player 内存播放器，见图 3-3-64。

图 3-3-63

图 3-3-64

(55) 打开内存播放器窗口，见图 3-3-65。

(56) 点击打开图标，见图 3-3-66。

图 3-3-65

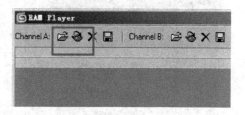

图 3-3-66

(57) 打开文件对话框，选择文件路径，见图 3-3-67。

(58) 确保勾选中序列项目，见图 3-3-68。

图 3-3-67

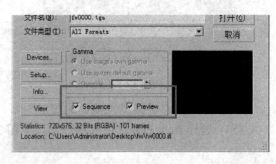

图 3-3-68

(59) 点击打开，弹出图像文件列表控制窗口，见图 3-3-69。

(60) 直接点击 OK 按钮，见图 3-3-70。

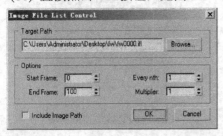

图 3-3-69

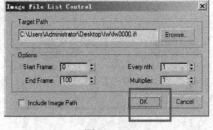

图 3-3-70

(61) 弹出内存播放器设置窗口，见图 3-3-71。

(62) 点击 OK 按钮开始载入，见图 3-3-72。

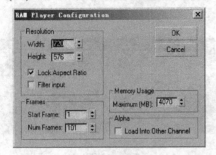

图 3-3-71

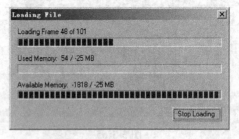

图 3-3-72

(63) 载入后，点击播放按钮，见图 3-3-73。

(64) 即可观看渲染出的烟火动画，见图 3-3-74。

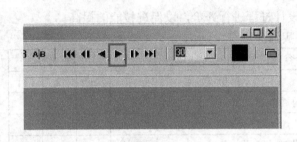

图 3-3-73

图 3-3-74

 **相关知识**

Video Post 可提供不同类型事件的合成渲染输出，包括当前场景、位图图像、图像处理功能等。图 3-3-75 为示意图。

一个 Video Post 序列可以包含场景几何体、背景图像、效果以及用于合成这些内容的遮罩。Video Post 的结果是：合成帧。Video Post 是独立的，与轨迹视图外观相似。该对话框的编辑窗口会显示完成视频中每个事件出现的时间，每个事件都与具有范围栏的轨迹相关联。Video Post 对话框包含下列窗口组件：Video Post 队列、显示后期制作事件的序列。图 3-3-76 为添加了 Video Post 后的效果。

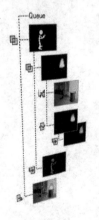

图 3-3-75

图 3-3-76

拓展与提高

(1) 以制作步骤为参考，完成礼花效果。

(2) 根据下列的项目实训评价表，对设计过程进行评价，以促进技能的提高。

项目实训评价表

内 容		评 价		
学 习 目 标	评 价 项 目	3	2	1
职业能力 礼花(9 分)	粒子参数(3 分)			
	Video Post(3 分)			
	渲染输出(3 分)			
通用能力 解决问题能力(3 分)				
自我提高能力(3 分)				
互相协作能力(3 分)				
革新、创新能力(3 分)				

思考与练习

类似奥运脚印的烟火特效，要如何表现？

动 画 输 出

　　建筑动画三维场景制作完成后，还要加上环境效果，为场景打灯光，之后再进行输出和后期制作。在 3ds MAX 中完成的是动画的单个镜头和元素，需要进行后期艺术处理和剪辑，使得动画有机地结合在一起，呈现出美感，最终输出为视频成片，呈现给目标客户。简单的剪辑和后期制作可以使用 After Effects 或者 Premiere pro 完成。

能力目标

◇　学会制作天空环境。
◇　学会摄像机动画。
◇　学会打灯。
◇　学会使用扫描线渲染器渲染输出。
◇　学会使用 V-Ray 渲染器渲染输出。

✧ 学会简易后期剪辑与合成。

任务一　摄像机动画与环境制作

任务描述

为建筑动画增加天空背景效果并设置摄像机动画。

任务分析

建筑动画是一种三维虚拟表现手段，表现的是完整的建筑环境，天空是其中不可或缺的重要部分。表现天空可以使用二维的方法或者三维的方法来完成。二维就是天空素材在二维空间进行平移缩放等操作，三维就是通过制作球形天空，营造360°察看的立体效果。当镜头大范围调度的时候，用三维方法制作的天空效果会更好。

任务实施

1. 了解客户需求，找到合适方案

2. 搜集素材

天空使用一张360°全景贴图，见图4-1-0。

图 4-1-0

☺提示：也可以自己拍摄 360° 全景照片，现在很多手机都带有此功能。

3. 制作球天

(1) 点击打开 ⬚ 按钮创建面板，见图4-1-1。

(2) 单击 ⬚ 按钮选择几何体，见图4-1-2。

(3) 点击球体，见图4-1-3。

(4) 创建球体，将对象包围，见图4-1-4。

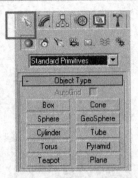

图 4-1-1

图 4-1-2

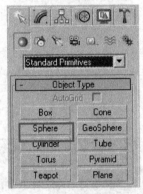

图 4-1-3

图 4-1-4

(5) 右键单击球体弹出菜单，见图 4-1-5。

(6) 选择转换为菜单，见图 4-1-6。

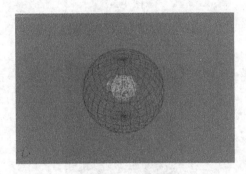

图 4-1-5

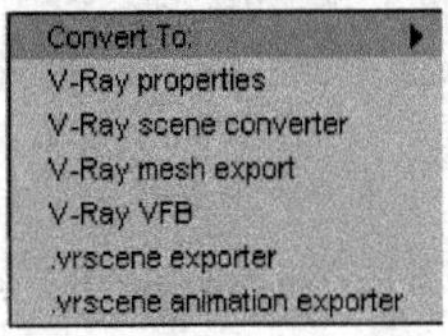

图 4-1-6

(7) 在弹出的二级菜单中选择多边形，见图4-1-7。

(8) 打开参数面板，见图4-1-8。

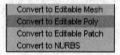

图 4-1-7

图 4-1-8

(9) 选中多边形层级，见图4-1-9。

(10) 使用选择工具，见图4-1-10。

图 4-1-9

图 4-1-10

(11) 确定为矩形选区工具，见图4-1-11。

(12) 框选球体下半部分的面，见图4-1-12。

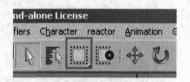

图 4-1-11

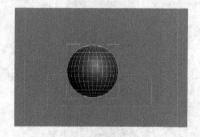

图 4-1-12

(13) 选中后以红色显示，见图4-1-13。

(14) 删除选中面，见图4-1-14。

图 4-1-13

图 4-1-14

(15) 全选见图 4-1-15。

(16) 打开 Edit Ploygons 参数面板，见图 4-1-16。

图 4-1-15

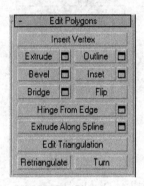

图 4-1-16

(17) 选择反转，见图 4-1-17。

(18) 回到多边形顶层级，见图 4-1-18。

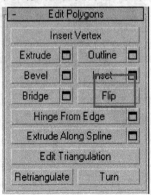

图 4-1-17

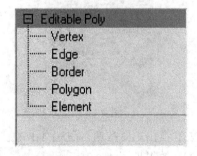

图 4-1-18

(19) 打开右键菜单，选择属性，见图4-1-19。

(20) 打开对象属性对话框，见图4-1-20。

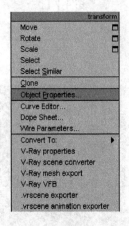

图 4-1-19

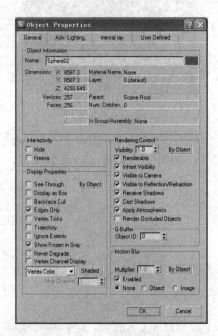

图 4-1-20

(21) 找到 Display Properties 参数，见图4-1-21。

(22) 确定勾选 Backface Cull 背面消隐，见图4-1-22。

图 4-1-21

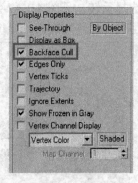

图 4-1-22

(23) 点击 OK 按钮，见图4-1-23。

(24) 效果见图4-1-24。

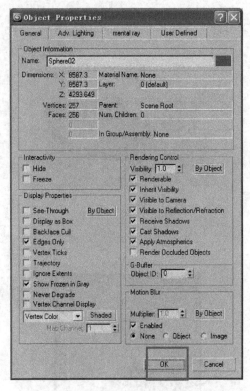

图 4-1-23

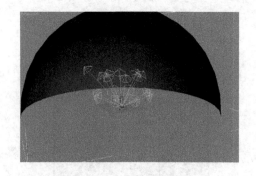

图 4-1-24

(25) 点击材质编辑器图标，见图 4-1-25。

(26) 打开材质编辑器，见图 4-1-26。

图 4-1-25

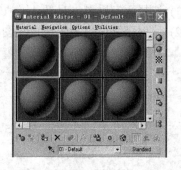

图 4-1-26

(27) 选中材质球并赋予对象，见图 4-1-27。

(28) 点击漫反射后的贴图对话框，见图 4-1-28。

图 4-1-27

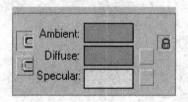

图 4-1-28

(29) 打开材质浏览器，见图 4-1-29。

(30) 选择位图，见图 4-1-30。

图 4-1-29

图 4-1-30

(31) 选择天空贴图，见图 4-1-31。

(32) 确保序列没有被勾选，见图 4-1-32。

图 4-1-31

图 4-1-32

(33) 点击打开按钮，见图 4-1-33。

(34) 将自发光设置为 100，见图 4-1-34。

图 4-1-33　　　　　　　　　　　　　图 4-1-34

(35) 点击在视口中显示，见图 4-1-35。

(36) 点击叉叉关闭，见图 4-1-36。

图 4-1-35　　　　　　　　　　　　　图 4-1-36

(37) 点击修改器下拉列表框，见图 4-1-37。

(38) 加载 UVW Mapping 命令，见图 4-1-38。

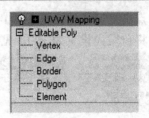

图 4-1-37

图 4-1-38

(39) 选择圆柱体贴图映射方式，见图 4-1-39。

(40) 效果见图 4-1-40。

图 4-1-39

图 4-1-40

(41) 切换到前视图，见图 4-1-41。

(42) 选择移动工具，见图 4-1-42。

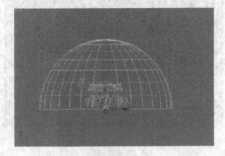

图 4-1-41

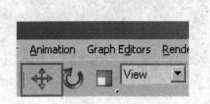

图 4-1-42

(43) 将球形天空向下移动，见图 4-1-43。

(44) 点击缩放工具，见图 4-1-44。

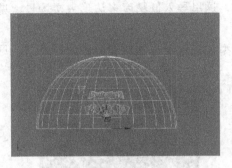

图 4-1-43

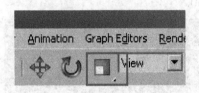

图 4-1-44

(45) 将天球压扁，见图 4-1-45。

(46) 渲染效果见图 4-1-46。

图 4-1-45

图 4-1-46

4. 摄像机动画

(1) 找到合适角度，设置摄像机，开启安全框，见图 4-1-47。

(2) 测试渲染后得到效果，见图 4-1-48。

图 4-1-47

图 4-1-48

（3）为了节省系统资源，加快动画渲染速度，这里导入低精度多边形大楼场景，见图 4-1-49。

（4）在靠近摄像机的位置放置高精度大楼模型，在远景位置放置低多边形模型，见图 4-1-50。

图 4-1-49

图 4-1-50

（5）回到摄像机视角检查，见图 4-1-51。

（6）在视图操控区按住抓手工具，见图 4-1-52。

图 4-1-51

图 4-1-52

（7）在弹出的菜单中选择穿行工具，见图 4-1-53。

（8）也可以使用摇摆工具，见图 4-1-54。

图 4-1-53

图 4-1-54

（9）开启 Auto Key 自动记录关键帧，见图 4-1-55。

（10）选择摄像机，见图 4-1-56。

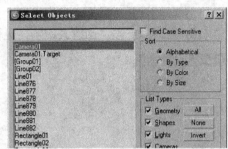

图 4-1-56

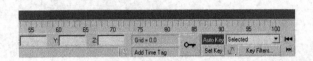

图 4-1-55

(11) 创建初始关键帧，见图 4-1-57。

(12) 在第一帧的位置，创建关键帧，见图 4-1-58。

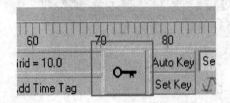

图 4-1-57

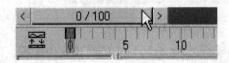

图 4-1-58

(13) 点击时间设置按钮，见图 4-1-59。

(14) 打开时间设置对话框，见图 4-1-60。

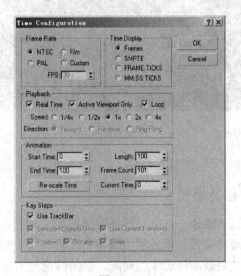

图 4-1-60

图 4-1-59

(15) 时间设置对话框，参数设置，见图4-1-61。

(16) 在最后一帧，创建关键帧，见图4-1-62。

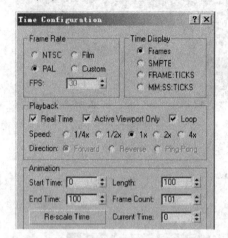

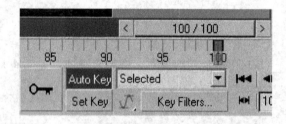

图 4-1-61   图 4-1-62

(17) 设置摄像机动画，从仰视变为平视，见图4-1-63。

(18) 加入灯光后，渲染动画效果，见图4-1-64。

图 4-1-63   图 4-1-64

相关知识

运动摄像——推拉摇移跟甩：

运动摄像，就是利用摄像机在推、拉、摇、移、跟、甩等形式的运动中进行拍摄的方式，是突破画框边缘的局限、扩展画面视野的一种方法。

运动摄像符合人们观察事物的习惯，在表现固定景物较多的内容时运用运动镜头，可以变固定景物为活动画面，增强画面的活力。

主要方法：

1. 推

推是指使画面由大范围景别连续过渡的拍摄方法。推镜头一方面把主体从环境中分离出来，另一方面提醒观者对主体或主体的某个细节特别注意。

2. 拉

拉与推正好相反，它把被摄主体在画面由近至远，由局部到全体地展示出来，使得主体或主体的细节渐渐变小。拉镜头强调是主体与环境的关系。

3. 摇

摇是指摄像机的位置不动，只作角度的变化，其方向可以是左右摇或上下摇，也可以是斜摇或旋转摇。其目的是对被摄主体的各部位逐一展示，或展示规模，或巡视环境等。其中最常见的摇是左右摇，在电视节目中经常使用。

4. 移

移是移动的简称，是指摄像机沿水平做各种方向移动并同时进行拍摄。移动拍摄要求较高，在实际拍摄中需要专用设备配合。移动拍摄可产生巡视或展示的视觉效果，如果被摄主体属于运动状态，使用移动拍摄可在画面上产生跟随的视觉效果。

5. 跟

跟是指跟随拍摄，即摄像机始终跟随被摄主体进行拍摄，使运动的被摄主体始终在画面中，其作用是能更好地表现运动的物体。

6. 甩

甩实际上是摇的一种，具体操作是在前一个画面结束时，镜头急骤地转向另一个方向。在摇的过程中，画面变得非常模糊，等镜头稳定时才出现一个新的画面。它的作用是表现事物、时间、空间的急剧变化，造成人们心理的紧迫感。

拓展与提高

(1) 以制作步骤为参考，完成效果。

(2) 根据下列的项目实训评价表，对设计过程进行评价，以促进技能的提高。

项目实训评价表

内　　容		评　价		
学 习 目 标	评价项目	3	2	1
职业能力　球形天空(6分)	模型正确(3分)			
	材质正确(3分)			
职业能力　摄像机动画(6分)	构图美观(3分)			
	动画流程(3分)			
通用能力　解决问题能力(3分)				
通用能力　自我提高能力(3分)				
通用能力　互相协作能力(3分)				
通用能力　革新、创新能力(3分)				

思考与练习

制作一段漫游动画，视角尽可能覆盖所有对象。

任务二　渲　　染

任务描述

制作完场景和动画后，进入到输出环节，通过渲染我们将场景转化为视频，提供给客户观看。所以渲染的好坏决定着视频质量的高低，而渲染的技术也决定了工作效率。

任务分析

渲染一般使用 V-Ray 渲染器，它使用方便快捷，效果精致逼真。不过需要单独安装，设置相对繁琐。而默认的扫描线是 3ds MAX 中的固定模块，不需要单独安装，而且渲染速度很快，尽管渲染效果一般情况下不如专业的渲染器，但是通过合理的灯光设计，仍然可以渲染出较好的图像效果。

任务实施

1. 了解客户需求，找到合适方案

2. 搜集素材

下载与软件匹配的 V-Ray 渲染器插件，见图 4-2-0。

☺提示：在建筑动画中，作为装饰性的配饰首先服务于整体，个体局部细致程度并非首要。

图 4-2-0

3. 灯光布置

(1) 点击 File 菜单，见图 4-2-1。

(2) 在弹出的菜单中选择 Open 命令，见图 4-2-2。

图 4-2-1

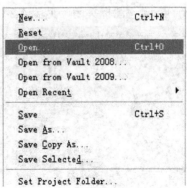

图 4-2-2

(3) 选中场景文件，见图 4-2-3。

(4) 点击打开按钮，见图 4-2-4。

图 4-2-3

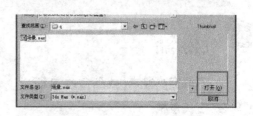

图 4-2-4

(5) 打开的场景见图 4-2-5。

(6) 点击渲染图标，见图 4-2-6。

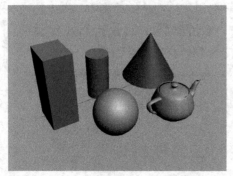

图 4-2-5

图 4-2-6

(7) 查看渲染效果，见图 4-2-7。

(8) 点击 ⊠ 图标关闭，见图 4-2-8。

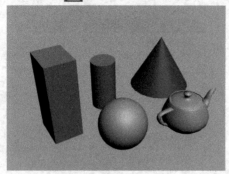

图 4-2-7

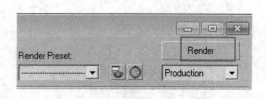

图 4-2-8

(9) 右键点击视口标签，见图 4-2-9。

(10) 在弹出的菜单中选择 Views，见图 4-2-10。

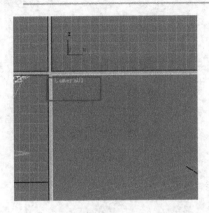

图 4-2-9

图 4-2-10

(11) 在二级菜单中选择 Top，切换到顶视图，见图 4-2-11。

(12) 选择灯光面板 ，见图 4-2-12。

图 4-2-11

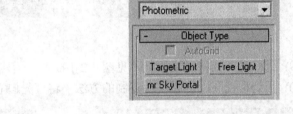

图 4-2-12

(13) 找到下拉列表框，见图 4-2-13。

(14) 选择 Standard 标准，见图 4-2-14。

图 4-2-13

图 4-2-14

(15) 打开相应的灯光类型，见图 4-2-15。

(16) 点击 Target Spot 目标聚光灯，见图 4-2-16。

图 4-2-15

图 4-2-16

(17) 在场景中拖拽鼠标创建灯光，见图 4-2-17。

(18) 切换到前视图，见图 4-2-18。

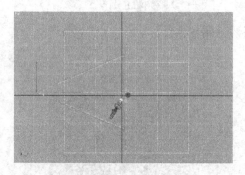

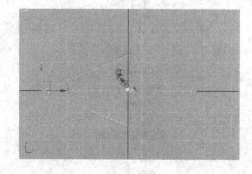

图 4-2-17

图 4-2-18

(19) 用移动工具将灯光抬高，见图 4-2-19。

(20) 回到顶视图，使用移动复制的方法，将灯光向右侧复制一个，见图 4-2-20。

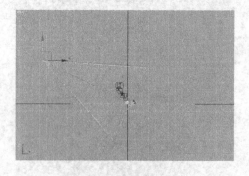

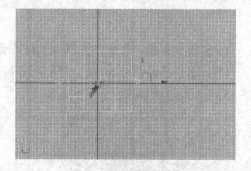

图 4-2-19

图 4-2-20

(21) 弹出参数面板，见图 4-2-21。

(22) 选择关联 Instance 项，见图 4-2-22。

图 4-2-21

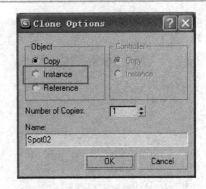

图 4-2-22

(23) 点击 OK 按钮，见图 4-2-23。

(24) 完成创建后选中两盏灯，见图 4-2-24。

图 4-2-23

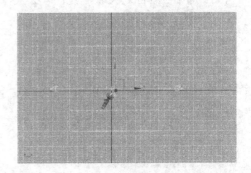

图 4-2-24

(25) 使用旋转工具 ，见图 4-2-25。

(26) 旋转复制出另外两盏灯，见图 4-2-26。

图 4-2-25

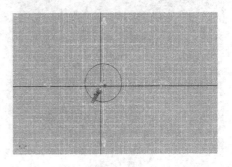

图 4-2-26

(27) 选中关联参数，见图 4-2-27。

(28) 完成后选中 4 盏灯，见图 4-2-28。

图 4-2-27

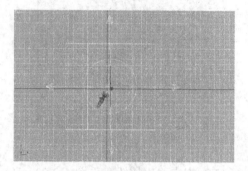

图 4-2-28

(29) 同样方法再次重复，见图 4-2-29。

(30) 选中 Instance 关联，见图 4-2-30。

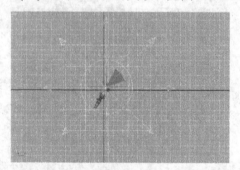

图 4-2-29

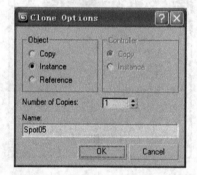

图 4-2-30

(31) 创建完成后效果，见图 4-2-31。

(32) 切换到前视图，见图 4-2-32。

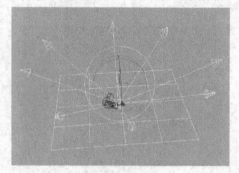

图 4-2-31

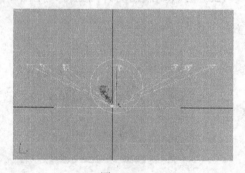

图 4-2-32

(33) 选中所有灯光，见图 4-2-33。

(34) 使用移动工具，见图 4-2-34。

图 4-2-33

图 4-2-34

(35) 向上移动复制出另外 8 盏灯，见图 4-2-35。

(36) 选择 Instance，见图 4-2-36。

图 4-2-35

图 4-2-36

(37) 点击 OK 按钮，见图 4-2-37。

(38) 使用旋转工具 ↻，见图 4-2-38。

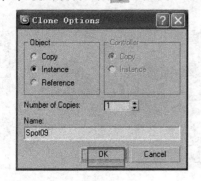

图 4-2-37

图 4-2-38

(39) 选中新复制出的 8 盏灯,见图 4-2-39。

(40) 旋转和下层灯光错开位置,见图 4-2-40。

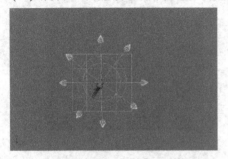

图 4-2-39

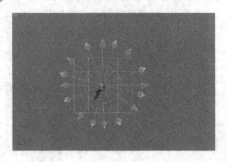

图 4-2-40

(41) 选择缩放工具 ▢ ,见图 4-2-41。

(42) 缩小 8 盏灯,见图 4-2-42。

图 4-2-41

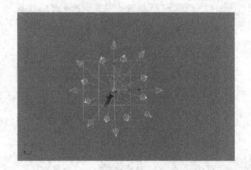

图 4-2-42

(43) 切换到透视图,效果见图 4-2-43。

(44) 切换到摄像机视角,见图 4-2-44。

图 4-2-43

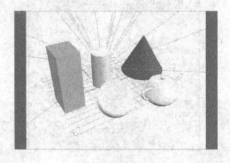

图 4-2-44

(45) 点击快速渲染图标，见图 4-2-45。

(46) 渲染后效果曝光严重，见图 4-2-46。

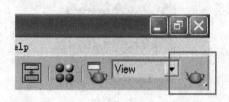

图 4-2-45

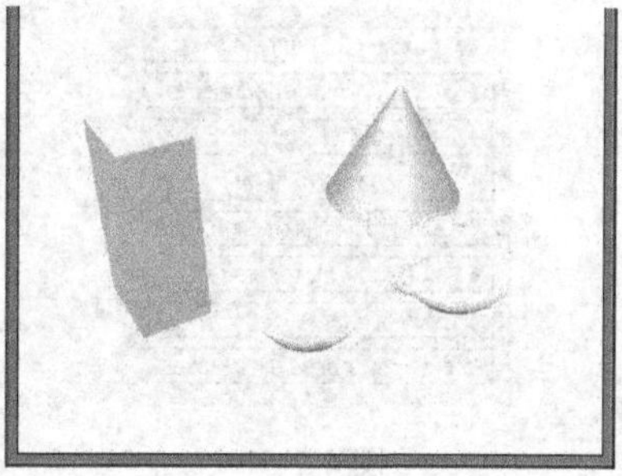

图 4-2-46

(47) 关闭渲染对话框，回到场景，见图 4-2-47。

(48) 选择修改面板，见图 4-2-48。

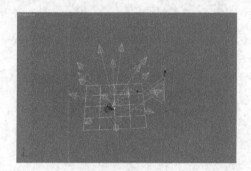

图 4-2-47

图 4-2-48

(49) 点击 Intensity/Color/Attenuation，见图 4-2-49。

(50) 将 Multiplier 倍增值设置为 0.1，见图 4-2-50。

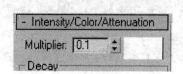

图 4-2-49

图 4-2-50

(51) 切换到 Spotlight Parameters 参数，见图 4-2-51。

(52) 扩大衰减区，见图 4-2-52。

图 4-2-51 图 4-2-52

(53) 选择 General Parameters 参数，见图 4-2-53。

(54) 选中 Shadow 下的 On 参数，开启阴影效果，见图 4-2-54。

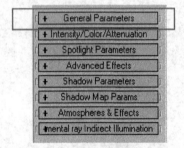

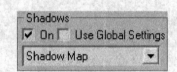

图 4-2-53 图 4-2-54

(55) 点击快速渲染效果，见图 4-2-55。

(56) 效果如图，产生了柔和的全局光效果，见图 4-2-56。

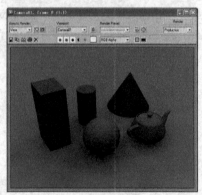

图 4-2-55 图 4-2-56

(57) 点击 Shadow Map Params 阴影贴图参数卷展栏，设置数值，见图 4-2-57。

(58) 再次渲染效果，阴影变得柔和，见图 4-2-58。

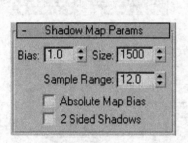

图 4-2-57

图 4-2-58

(59) 选中任意一盏灯，复制一盏新灯，作为主光源，在参数面板中选择 Copy 项，见图 4-2-59。

(60) 点击 OK 按钮，见图 4-2-60。

图 4-2-59

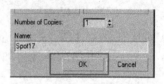

图 4-2-60

(61) 完成后效果，见图 4-2-61。

(62) 调整位置，见图 4-2-62。

图 4-2-61

图 4-2-62

(63) 开启阴影，见图 4-2-63。

(64) 阴影类型设置为光线跟踪，见图 4-2-64。

图 4-2-63

图 4-2-64

(65) 强度设置为 0.2，见图 4-2-65。

(66) 渲染后效果，见图 4-2-66。

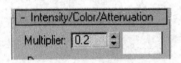

图 4-2-65

图 4-2-66

(67) 选中在灯光类型参数中，取消勾选 On，使灯光失效，见图 4-2-67。

(68) 设置后，得到渲染效果如图，由此可以看出没有环境光的效果不甚理想，见图 4-2-68。

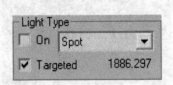

图 4-2-67

图 4-2-68

4. V-Ray 渲染器渲染

(1) 打开室内大厅场景，见图 4-2-69。

(2) 渲染设置，见图 4-2-70。

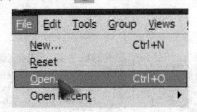

图 4-2-69

图 4-2-70

(3) 基本参数见图 4-2-71。

(4) 点击渲染器，见图 4-2-72。

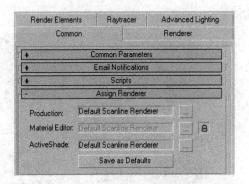

图 4-2-71

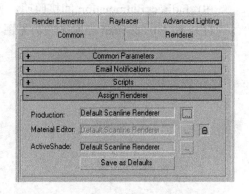

图 4-2-72

(5) 选择 Vray，见图 4-2-73。

(6) 选择后显示 Vray，见图 4-2-74。

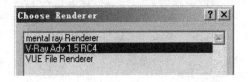

图 4-2-73

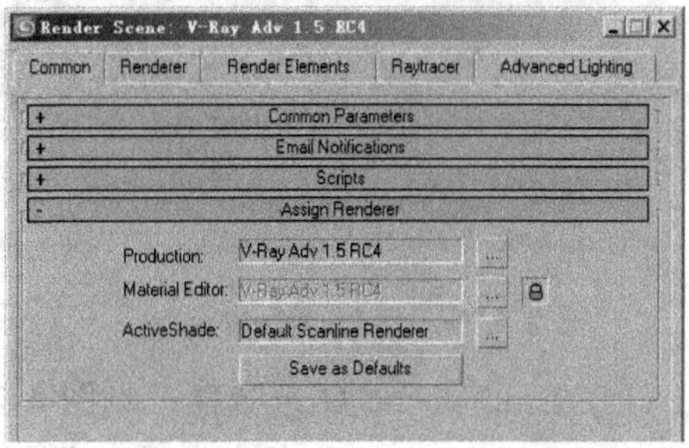

图 4-2-74

(7) 渲染器参数见图 4-2-75。

(8) Image sampler 图像采样，见图 4-2-76。

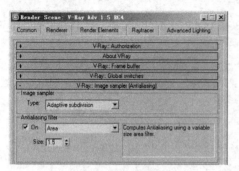

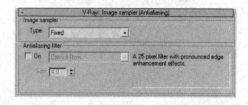

图 4-2-75   图 4-2-76

(9) Indirect illumination 间接照明，见图 4-2-77。

(10) Irradiance map 光照贴图，见图 4-2-78。

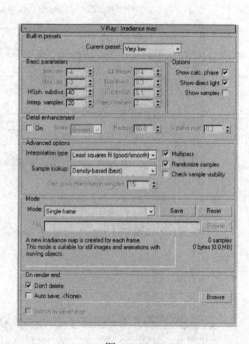

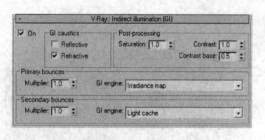

图 4-2-77   图 4-2-78

(11) Light cache 灯光缓存，见图 4-2-79。

(12) Color mapping 颜色贴图，见图 4-2-80。

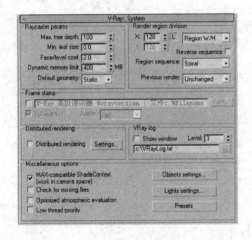

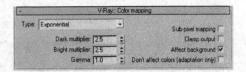

图 4-2-79   图 4-2-80

(13) System 系统如图 4-2-81。

(14) 渲染测试，见图 4-2-82。

图 4-2-81   图 4-2-82

(15) 设置渲染时间范围，见图 4-2-83。

(16) 制式见图 4-2-84。

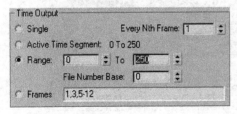

图 4-2-83   图 4-2-84

(17) 保存目录，见图 4-2-85。

(18) 保存为 Tga 格式，见图 4-2-86。

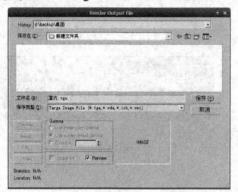

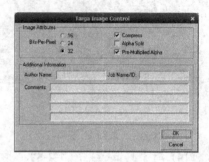

图 4-2-85

图 4-2-86

(19) 提高采样率和抗锯齿精度，见图 4-2-87。

(20) 提高 GI 精度，见图 4-2-88。

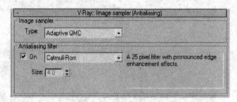

图 4-2-87

图 4-2-88

(21) 提高发光贴图精度，见图 4-2-89。

(22) 提高灯光缓存，见图 4-2-90。

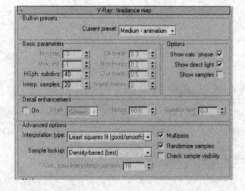

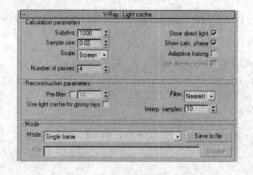

图 4-2-89

图 4-2-90

(23) 颜色贴图设置，见图4-2-91。

(24) 创建 RPC 后渲染，见图4-2-92。

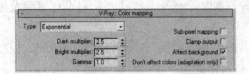

图 4-2-91　　　　　　　　　　　　　　　　图 4-2-92

(25) 输出 tga 序列帧，见图4-2-93。

图 4-2-93

相关知识

图形图像常识

(1) V-Ray 的标准材质(VrayMtl)与 MAX 的标准材质(Standard)相比有什么特点？

V-Ray 的标准材质(VrayMtl)是专门配合 Vray 渲染器使用的材质，因此当使用 V-Ray 渲染的时候，使用 V-Ray 标准材质会比 MAX 的标准材质(Standard)在渲染速度和细节质量上高很多。其次，它们有一个重要的区别，就是 MAX 的标准材质(Standard)可以制作假高光(即没有反射现象而只有高光，但是这种现象在真实世界是不可能实现的)，而 V-Ray 的高光则是和反射的强度息息相关的。还有在使用 V-Ray 渲染器的时候，只有配合 V-Ray 的材质(标准材质或其他 V-Ray 材质)才可以产生焦散效果，而在使用 MAX 的标准材质(Standard)时，这种效果是无法产生的。

(2) V-Ray 渲染器相对于 MAX 自身的渲染器，有什么特点？

V-ray 具有 3 个特点:

① 表现真实:可以达到照片级别,电影级别的渲染质量,比如《指环王》中的某些场景就是利用它渲染的。

② 应用广泛:因为 V-Ray 支持像 3ds MAX、Maya、Sketchup、Rhino 等许多的三位软件,因此深受广大设计师的喜爱,也因此应用到了室内、室外、产品、景观设计表现及影视动画、建筑环游等诸多领域。

③ 适应性强:V-Ray 自身有很多的参数可供使用者进行调节,可根据实际情况,控制渲染的时间(渲染的速度),从而制作出不同效果与质量的图片。

(3) V-Ray 渲染器主要分布在 MAX 中的什么地方?其作用又是什么?

V-Ray 渲染器,主要分布在 MAX 的 4 个区域中:

① 渲染参数的设置区域(渲染菜单区)主要是对 Vray 的渲染参数进行设置。

② 材质编辑区域(材质编辑器),用于对 Vray 材质的编辑和修改。

③ 创建修改参数区域(创建修改面板),用于创建编辑和修改 Vray 特有的物体。

④ 环境和效果区域(环境和效果面板),用于制作特殊的环境效果。

技能强化

1. 测试与出图参数

(1) 测试与出图参数的区别。

测试渲染是在较低质量下获得较高渲染速度的设置方法,主要用来观察光影效果和空间感等重要因素。而出图参数则是在此基础上对各方面质量的整体提升,比如抗锯齿、采样率等,伴随着精度的提高,也需要付出时间的代价。所以一般工作流程是先测试效果,待满意后,再提高参数级别,渲染出最终高质量的效果图。

(2) 设置方法。

Image sampler(antialiasing)

图像采样(抗锯齿),测试参数见图 4-2-94。出图参数见图 4-2-95。

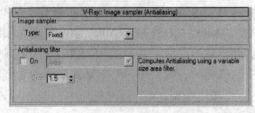

图 4-2-94

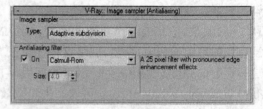

图 4-2-95

GI

全局光照效果，见图 4-2-96。

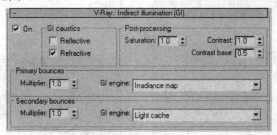

图 4-2-96

Irradiance map

发光贴图，测试参数见图 4-2-97，出图参数见图 4-2-98。

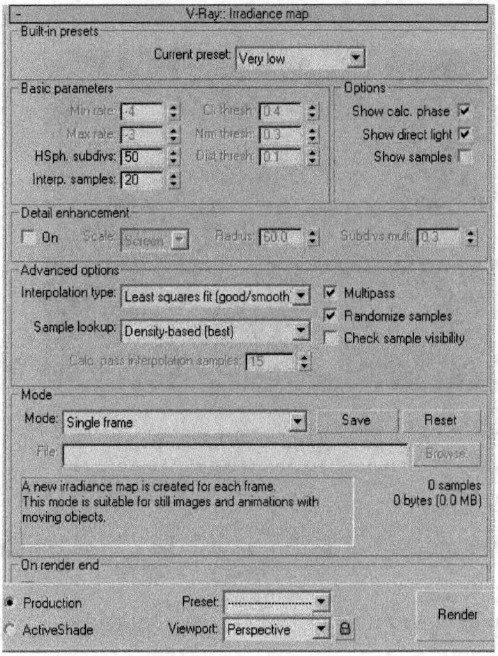

图 4-2-97

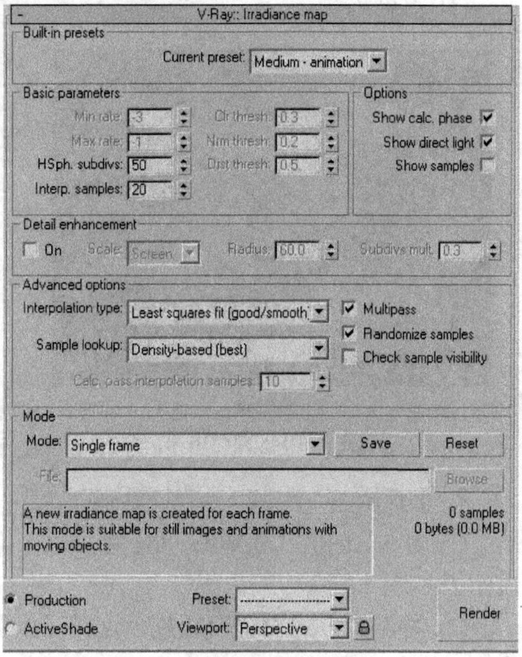

图 4-2-98

Light cache

灯光缓存，测试参数见图 4-2-99。

出图参数见图 4-2-100。

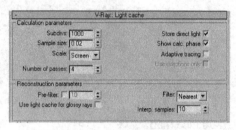

图 4-2-99　　　　　　　　　　　　　　　　　　图 4-2-100

(3) 渲染练习。

图 4-2-101　测试渲染

图 4-2-102　高质量渲染

2. 小技巧

(1) 在 System 中的 V-Ray log 里，取消 show window，以后就不会有渲染文字提示框来烦你了。

(2) 将渲染方式设置为螺旋，这样可以首先看到中心重要部位，一旦不满意可以立刻停止，不会浪费时间。

(3) 通过保存预设，将常用的一套参数设置保存起来，下次可以方便地调用。

拓展与提高

(1) 以任务步骤为参考，完成客厅序列帧素材的渲染。

(2) 根据下列的项目实训评价表，对设计过程进行评价，以促进技能的提高。

项目实训评价表

内 容		评 价		
学 习 目 标	评 价 项 目	3	2	1
职业能力 扫描线渲染(6分)	灯阵布置(3分)			
渲染参数(3分)				
V-Ray 渲染(6分)	灯光布置(3分)			
参数设置(3分)				
通用能力 解决问题能力(3分)				
自我提高能力(3分)				
互相协作能力(3分)				
革新、创新能力(3分)				

思考与练习

如图 4-2-103 所示，为客厅场景设置动画，并为后期特效输出序列素材。

图 4-2-103